未来

碳中和与人类能源第一主角

通威传媒 考拉看看 ◎ 著

中国人民大学出版社
·北京·

图书在版编目（CIP）数据

未来碳中和与人类能源第一主角/通威传媒，考拉看看著. -- 北京：中国人民大学出版社，2022.8
ISBN 978-7-300-30735-0

Ⅰ.①未… Ⅱ.①通… ②考… Ⅲ.①二氧化碳－节能减排－研究－中国②能源经济－研究－中国 Ⅳ.① X511 ② F426.2

中国版本图书馆 CIP 数据核字 (2022) 第 102617 号

未来碳中和与人类能源第一主角
通威传媒　考拉看看　著
Weilai Tanzhonghe yu Renlei Nengyuan Diyi Zhujue

出版发行	中国人民大学出版社		
社　　址	北京中关村大街 31 号	邮政编码	100080
电　　话	010-62511242（总编室）	010-62511770（质管部）	
	010-82501766（邮购部）	010-62514148（门市部）	
	010-62515195（发行公司）	010-62515275（盗版举报）	
网　　址	http://www.crup.com.cn		
经　　销	新华书店		
印　　刷	北京联兴盛业印刷股份有限公司		
规　　格	170 mm × 240 mm　16 开本	版　次	2022 年 8 月第 1 版第 1 次
印　　张	16　插页 2	印　次	2022 年 8 月第 1 版第 1 次
字　　数	231 000	定　价	99.00 元

版权所有·侵权必究·印装差错·负责调换

推荐序一 实现"光伏改变世界"的宏大抱负

陈昌智

十一届、十二届全国人大常委会副委员长，民建中央原主席

当今世界已经遭受到气候危机的剧烈冲击，自2019年以来，澳大利亚山火、美国得克萨斯州雪灾、欧洲和我国北方的暴雨洪灾……极端的气候灾害越来越频繁。对于马尔代夫、斐济、图瓦卢这些岛国而言，不断上升的海平面，关乎国家的生死存亡。关于气候危机的影响和气候灾害的后果，各国已经达成了全球共识。按照《巴黎协定》的要求，各国应该携起手来，把升温幅度努力控制在1.5 ℃以内（相较于工业革命之前）。世界上超过130个国家提出了碳中和目标，中国自然也不例外。

2020年9月，习近平主席在第七十五届联合国大会一般性辩论中表示：中国将提高国家自主贡献力度，采取更加有力的政策和措施，二氧化碳排放力争于2030年前达到峰值，努力争取2060年前实现碳中和。这是党中央经过深思熟虑做出的重大战略决策，事关中华民族的永续发展和构建人类命运共同体，彰显了中国担当。

但在实现碳达峰、碳中和目标的过程中，我国面临十分严峻的挑战。一方面，我国在人均收入偏低的阶段就面临碳达峰、碳中和的考验，这是史无前例的；另一方面，我国是世界第一大能源生产国和消费国，能源需求依然旺盛，"富煤、贫油、少气"的资源禀赋使得我国对煤炭的依赖难以减少，实

现能源转型难度大。由于产业结构偏重、投资占比偏高,我国单位 GDP 能耗约为 OECD(经济合作与发展组织)国家的 3 倍、世界平均水平的 1.5 倍,下降空间仍然较大,面临一定的困难和挑战。

面临如此巨大的挑战,我国仍要坚定实现碳达峰、碳中和的目标,不仅是因为我们向世界做出了庄严的承诺,更是中国经济可持续发展的内在要求。改革开放以来,中国经济快速发展,人民生活水平大幅提高,但传统的发展模式让我们付出了沉重的资源环境代价。我国北方主要城市饱受雾霾侵扰,煤炭开采造成大面积水土流失,酸雨频发导致河流受污染……我们必须转变经济发展方式,走绿色低碳的可持续发展道路。碳达峰和碳中和是我国实现人与自然和谐共生的生态文明、促进经济社会发展全面绿色转型的必然选择。

实现"双碳"目标并非一蹴而就,这是一场广泛而深刻的经济社会系统性变革。

要深化认识,把握机遇,解决好变革中出现的重大问题,把握新的产业机会和新的商业模式。要坚定信心,有序推进,进一步优化能源结构,坚决遏制"两高"项目的盲目发展。要坚持科学规划,全国上下一盘棋,从发展阶段、经济结构、产业形态等的实际出发,制定出符合实际、科学可行的碳达峰、碳中和路线图和时间表。要突出重点,付诸行动,优化能源体系,倒逼电力、汽车、建筑等行业向绿色低碳方向转型,坚持创新驱动,充分发挥科技创新的支撑和保障作用。要坚定不移贯彻新发展理念,以能源绿色低碳发展为关键,加快形成节约资源和保护环境的产业结构、生产方式和生活方式,坚定不移走生态优先、绿色低碳的高质量发展道路,为实现"双碳"目标做出新的更大贡献。

在"双碳"进程中,面对节能减排、转变经济发展方式带来的巨大压力,变革能源消费结构是重中之重。太阳能光伏发电作为新能源中最经济、最清洁、最环保、可永续的人类理想能源，是解决这些问题的必然选择和重要途径。从目前来看，我国在资源优势、技术水平、产业能力、产业基础等各个方面，都已具备了加快发展光伏市场、广泛发展光伏产业的条件和基础。在资源优势方面，我国是太阳能资源最丰富的国家之一，西藏、新疆、甘肃、内蒙古等省份光照充足，是天然的能源宝库；在技术水平方面，我国企业已经走在全球技术前沿；在产业能力方面，2021年我国全年多晶硅、硅片、电池、组件产量分别达到50.5万吨、227 GW、198 GW、182 GW，分别同比增长27.5%、40.6%、46.9%、46.1%；在产业基础方面，我国拥有完善的光伏产业链。

通威集团作为全国乃至全球最大的新能源企业之一，全面涉足光伏产业发展，已成为世界上少数拥有从上游高纯晶硅生产、中游高效太阳能电池片生产到终端光伏电站建设的垂直一体化光伏企业，已形成完整的拥有自主知识产权的光伏新能源产业链，并成为中国乃至全球光伏新能源产业发展的核心参与者和主要推动力量之一。

在通威集团新能源产业链的上游，通威旗下的永祥股份在成本控制与质量方面已达到国际一流水平，高纯晶硅产量已位列全球第一。在新能源产业链的中游，通威的太阳能电池片生产能力也已成为世界第一，建成了全球出货量最大以及全中国和全世界成本最低的晶硅电池片工厂。而在新能源产业链的下游，通威"渔光一体"创新模式，实现了农业、新能源和服务业的三产融合，对推动国家乡村振兴、实现产业升级有着重要的作用。

通威集团的稳健发展是中国光伏产业发展的一个缩影。它传递出中国光伏产业整合资源、优势互补、共谋发展的积极、重要信息，极大地提振了全球光伏新能源产业的发展和实现碳中和承诺的信心。

本书既是中国光伏产业跨越式发展的写照，也是对中国实现碳中和目标的思考，更是对全球积极应对气候危机和能源变革的倡议。希望通威集团始终秉持"为了生活更美好"的发展愿景，与全国、全球的光伏同仁一道，通过产业联动、优势互补、携手共进，共同推动中国光伏产业的技术革新、产品升级和健康发展，真正实现"光伏改变世界"的宏大抱负。

推荐序二　光伏发电将成为全球可再生能源第一主角

刘汉元

十一届全国政协常委，十三届全国人大代表
全联新能源商会执行会长，通威集团董事局主席

全球气候变暖导致的自然灾害频发、资源不可持续问题，已成为当前全人类共同面临的巨大挑战。2022年2月28日，联合国政府间气候变化专门委员会发布最新报告，警告气候变化正危及地球健康，指出拖延全球协同行动将错失稍纵即逝的机会。联合国秘书长古特雷斯呼吁全球必须加速可再生能源转型。

"欧洲火车头"德国率先加速能源转型。继德国政府宣布2022年底之前关闭所有核电站之后，2022年2月28日德国经济部推出一份草案，计划加速风能和太阳能基础设施的扩张，将100%可再生能源供电目标提前至2035年实现。光伏方面，草案要求年新增装机逐步提升至22GW，2030年确保总装机达215GW。

德国联邦经济和气候保护部新任部长罗伯特·哈贝克在发布《德国气候保护现状》报告时表示，德国必须把减排速度提高三倍，只有这样才能实现气候保护目标。德国的表态引发全球关注，在各国政策的催化和行动下，全球已经掀起一场能源转型竞赛。

2020年9月22日，习近平主席在联合国大会上庄严承诺：中国二氧化碳排放力争于2030年前达到峰值，努力争取2060年前实现碳中和。这向世界展现了中国积极应对气候变化的信心、雄心和决心，获得了欧盟及世界各国的高度赞誉，为实现《巴黎协定》的目标注入了强劲动力。2021年10月30日，习近平主席以视频方式出席二十国集团领导人第十六次峰会第一阶段会议并指

出：中国已淘汰 120GW 煤电落后产能，首批 100GW 大型风电、光伏基地项目有序开工建设。

2022 年 1 月 24 日，习近平主席在十九届中共中央政治局第三十六次集体学习时强调：实现"双碳"目标，不是别人让我们做，而是我们自己必须要做。我国已进入新发展阶段，推进"双碳"工作是破解资源环境约束突出问题、实现可持续发展的迫切需要，是顺应技术进步趋势、推动经济结构转型升级的迫切需要，是满足人民群众日益增长的优美生态环境需求、促进人与自然和谐共生的迫切需要，是主动担当大国责任、推动构建人类命运共同体的迫切需要。

能源转型和绿色可持续发展已成为全球共识，事实上，我们认识到，也看到了，这是一种必然的要求和未来的现实。

在自工业革命以来的 200 余年时间里，以煤炭、石油、天然气为代表的化石能源，有力地推动了人类的历史文明进程，但也透支了人类的未来。"3060"双碳目标提出后，能源消费还要增加，社会还要发展进步。什么样的能源能够取代化石能源，什么样的方式能够把碳排放降到约等于零，从而实现碳中和目标，成为全社会需要研究、思考，而且是全人类必须在未来 30～40 年中要回答的问题。

在实现双碳目标的过程中，以光伏太阳能、风能为代表的可再生能源无疑是其中的主力军。过去十多年来，光伏发电成本下降了 90% 以上，成为全球最经济的发电方式。我国光伏发电成本已降到 0.3 元 /kW·h 以内，预计在"十四五"期间会降到 0.25 元 /kW·h 以下，低于绝大部分煤电。如进一步考虑生态环境成本，光伏发电的优势将更加明显。仅需用西部 1%～2% 的国土面积发展可再生能源，即可支撑双碳目标下我国未来一次能源消费的大部分生产和供应。

从消费端看，交通运输用油每年约占我国原油消费的 70%，燃油汽车百千米油费是电动汽车百千米电费的 5 倍以上，以输出等效能量来看，消费端的电价不到油价的 1/5。从减碳效果看，我国已形成 250GW 左右的光伏系统产能，其产品每年发出的电力相当于 2.9 亿吨原油输出的等效能量，而消费 2.9 亿吨原油大约产生 9 亿吨的碳排放，而生产 250GW 光伏系统大约产生 4 300 万吨的碳排放。也就是说，制造 250GW 光伏系统每产生 1 吨的碳排放，系统发电后每年将减少 20 吨以上的碳排放，整个生命周期将减少 500 吨以上的碳排放。因此，这可能是人类历史和碳中和道路上，到目前为止，规模最大、投入产出比最高、节能减排减碳最有效的方式之一。

从能源投入产出看，生产 1kW 光伏系统全过程需耗电 300kW·h 左右，而 1kW 光伏系统每年可发电约 1 500kW·h，这意味着制造光伏系统全过程的能耗，在电站建成后的半年内即可全部收回，加之系统可稳定运行 25 年以上，整个生命周期回报的电力是投入的 50 倍以上，因此光伏产业是典型的"小能源"换"大能源"产业。

同时，随着成本的不断降低，储能的大规模应用也将为平抑可再生能源波动提供坚实保障。其中，抽水蓄能是目前技术最成熟、经济性最优、最具大规模开发条件的储能方式，储能成本为 0.21～0.25 元/kW·h，相较于其他技术成本最低，同时电化学等其他储能成本也有望在"十四五"期间降到 0.2～0.3 元/kW·h。澳大利亚国立大学的研究显示，仅需我国潜在抽水蓄能电站容量的 1%，即可支撑我国构建 100% 利用可再生能源的电力系统。

从国家能源战略安全看，俄乌战争爆发以来，国际能源价格上涨。在此背景下，欧盟已再度提高 2030 年可再生能源占比目标，加速摆脱对化石能源的依赖。近年来，我国每年进口原油超过 2 000 亿美元，外贸依存度超过 70%，其中 80% 需经过马六甲海峡。2021 年进口量达 5.13 亿吨，外汇支出达 2 573 亿美元，2022 年的支出将会更多。从维护能源和外汇安全的角度考虑，我国有条件用 10 年左右的时间，完成能源增量的 70%、存量的 30%～50% 的可再生清洁化替代，实现能源独立自主，构建起能源内循环系统，有力地保障我国的外汇安全，一劳永逸地解决能源进口可能被"卡脖子"的问题。

从产业发展看，初步估算，未来 30 年左右，以汽车电动化、能源消费电力化、电力生产清洁化为代表的绿色转型，将在国内形成百万亿元、在全球形成百万亿美元的产业规模。在这一过程中，既不额外增加国家负担，还能有效拉动投资、促进消费、带动就业，推动我国经济适度快速发展，并且彻底解决雾霾的污染问题以及资源和环境的不可持续问题，实现发展方式的根本转变。同时，我国"风光"产业走向世界，不但大大加快了发达国家的能源转型速度，更为"一带一路"沿线及广大欠发达国家和地区提供了全新的发展路径，帮助它们跨过先污染后治理的老路，一步踏上可持续发展的快车道！

在这个过程中，我国有实力也有底气，为应对全球气候变化做出更大贡献。从制造端看，我国已形成了全球领先的完整的光伏产业链，全球70%以上的光伏产品都是我国制造的。2021年，我国生产的多晶硅、硅片、电池片、组件分别达到50.5万吨、227GW、198GW、182GW，光伏产品出口超过284亿美元。我国光伏新增装机容量连续9年领跑全球，累计装机容量连续7年全球第一。

麦肯锡发布的研究报告显示，在中美两国的各项产业比较中，光伏产业是我国与家电和高铁并驾齐驱、遥遥领先于美国的产业，也是中美两国所有产业对比中，具有压倒性优势的产业。10多年前，多晶硅几乎全靠进口。10多年后的今天，在全球前十大高纯晶硅企业中，中国企业占据七席；前十大硅片企业全部为中国企业；在前十大组件企业中，中国企业占据七席。需要指出的是，这是美欧联手对中国进行了多年"双反"之后我国取得的成绩。

随着光伏的成本进一步降低，以及中国经济和光伏产业自身的良性发展，中国的碳达峰、碳中和目标有可能在各方的共同努力下提前5～10年实现。从这个角度看，光伏产业将迎来广阔的市场空间，光伏发电也将成为碳中和道路上的第一能源。

在此背景下，立足于我国的能源资源禀赋，稳中求进，加快以风、光为代表的可再生能源发展，推动电力系统向适应大规模、高比例新能源方向演进，将有力推动我国能源结构转型升级，筑牢能源和外汇安全体系，保障双碳目标落地，支撑中华民族伟大复兴和永续发展，也将为构建人类命运共同体不断贡献中国力量！

推荐序三　太阳造福人类，光伏引领未来

沈　辉

德国德累斯顿工业大学工程科学博士，中国科学院"百人计划"入选者
中山大学太阳能系统研究所创建人，中国绿色供应链联盟光伏专业委员会主任

工业革命创造了人类历史上的辉煌，近一百年来人类创造的文明成果超过了过去五千年的总和。然而，在未来的发展过程中，煤炭、石油等化石能源的不可持续，资源和环境的巨大压力，将让人类难以承受。实际上，在工业大生产中，我们的生活在某种程度上反而面临着大倒退。

"最初，没有人在意这场灾难，这不过是一场山火，一次旱灾，一个物种的灭绝，一座城市的消失，直到这场灾难与我们每个人都息息相关……"科幻小说家刘慈欣在《流浪地球》中的这段文字并非只是想象。当我们渴望绿水青山，追寻更为美好的生活时，改变传统能源结构已成为当务之急。

庆幸的是，一种更为广泛的绿色发展意识正在形成。以光伏太阳能、风能为代表的绿色新能源，助推了人类社会能源变革的脚步。传统化石能源的时代正逐渐成为过去式，新能源发展的舞台大幕已徐徐拉开。

如今，全球正处于从高碳向低碳直至零碳转型的重要历史阶段。绿色，已成为时代发展的底色，也必将成为全人类可持续发展的重要颜色。

绿色可持续发展将是人类社会的一个长期主题。在未来世界的众多不确定性中，绿色转型已成为最大的确定性。当我们沿着旧有的轨迹走向未来时，

未来　碳中和与人类能源第一主角

我们所谓的未来将会是何种模样？

早在1997年，我国就颁布了《中华人民共和国节约能源法》，作为"十五"规划及后续"五年规划"的主题，这表明中国的发展策略开始发生转变。在实践中，我国规定，中国未来的经济规划和发展必须坚持与自然和谐相处的指导原则，并遵循地球的运行机制。

经过不懈的努力，2000—2017年，全球的绿化面积增长了5%。其中，中国的植被增量就占到过去17年全球植被总增量的25%以上，居全球首位。

纵观全球能源发展趋势，新能源正以前所未有的速度迭代，绿色低碳成为能源技术创新的主要方向，能源革命成为全球发展的共识。汽车电动化、能源消费电力化、电力生产清洁化已成为发展的必然趋势。

基于绿色科技发展与生态技术进步，产业发展等也迎来了更加多元的变化。一些地方和企业进行了许多探索。比如，应用华为技术的单体"农光互补"光伏电站可实现板上发电、板下种粮。通威独创的"渔光一体"模式，采取水上发电、水下养鱼的方式，推动当地生态产业实现新发展。"光伏＋水务"将污水处理厂变成了现代生态景观。越来越多兼容环保与增长的发展模式，如雨后春笋般涌现出来。

在绿色发展的驱动下，我们的生活环境也得到了显著的改善。曾经寸草不生的毛乌素沙漠，现在80%的地方长出了绿叶。宁夏中卫曾经的"塞上江南"名号，在草方格的护卫下回归了现实。曾经被称为"死亡沙海"的库布齐沙漠，现在变成了"绿色之海"，绿化总面积达到6 500平方千米。绿色，正重新回到我们的日常生活，令人万分欣喜！

绿色发展的未来图景的开启，既离不开中国新能源领域的创新力量，也离不开中国光伏的突破与崛起。通威集团深耕新能源领域十余年，从上游高纯晶硅生产，至中游高效太阳能电池片生产，再至下游"渔光一体"环节，积累了大量的先进技术，拥有强大的智能制造实力。

如今，我们正处于"双碳"目标实现的过程中。本书的推出，可谓恰逢其时。

本书从能源的重要性与未来发展两方面进行了深入与多方位的研究与探讨，对支撑人类发展的化石能源有客观的评价，对人类在能源革命中的探索有详细的论述，以充足的理由与翔实的证据，明确指出人类告别以化石能源为主的黑色时代的序幕已经拉开。

本书在"追逐太阳"的畅想中以通威集团为例，将中国光伏发展的"进行曲"整体呈现出来，在深入剖析光伏技术与产业发展的基础上，展现了通威集团在光伏发展方面的担当与作为。

本书以"穿越无人区"般的胆识详细叙述了未来光伏产业在技术、机制及资本上可能存在的大胆创新，并将这些宝贵的思考与案例悉数分享，这是一场与整个新能源产业界的隔空对话和思想碰撞，对光伏企业与光伏人的成长具有重要的启发与激励作用。

本书最后部分揭示了光伏发展对社会与未来的影响与作用，既有远大理想，又有具体思考，有数据、有论据、有结论，旗帜鲜明，观点新颖，让光伏人充满激情，更加坚信"太阳造福人类，光伏引领未来"。

本书以光伏为主线，内容丰富，涉及面广，有深远的思索，有广阔的视野，有阳光般的情怀，有时代的责任，有对未来的畅想与坚定的信念。创作思想的触觉如此敏锐与广博，让人敬佩。

本书对能源战略研究者、政府管理部门以及光伏企业家等有很好的借鉴意义，可以让人们对光伏技术与产业的认识再上一个高度，从而使人们对光伏的未来发展更充满热爱、激情与期待。

[目录]

序章　对美好生活的向往与光伏之路　001

第一篇
碳中和时代

2020年9月，中国宣布将在2030年前实现碳达峰、在2060年前实现碳中和。这一庄严承诺彰显了中国积极应对气候变化、推动构建人类命运共同体的大国担当。

为应对气候危机，全球近200个国家达成了高度共识。碳中和将是人类历史上最伟大的转型！

第一章　全球共识　017

第二章　重新认识能源　039

第二篇
第一主角

太阳——光与热的源泉。这颗熊熊燃烧的火球高悬天空，哺育着地球上的万千物种。人类对太阳的崇拜从文明诞生之初便开始了，而今又吸引着我们向它靠近——追逐太阳，是时代的主题。

在所有清洁能源中，光伏太阳能最经济、最清洁，可谓取之不尽、用之不竭，是清洁能源的第一主角。

第三章　为什么是光伏？　057

第四章　光伏全球化　077

第五章　中国探索　087

第六章　通威智造　105

第三篇
绿色创新

唯有创新才能前进。我们不仅要跨越山河湖海所造成的物理阻隔，超越错综复杂的政治分歧，更要在技术、机制、资本方面大胆创新。中国新能源的引领者们，要为没有航线的海域开辟出航线，要把无人涉足的领域变为百舸争流。

第七章　技术与效率　135

第八章　税收、机制与市场　153

第九章　资本雪球　169

第四篇
未来探索

碳中和与能源变革必将重塑产业，推动企业转型升级，并改变每个人的生活方式。人类世界将走向一个可持续发展的未来。

第十章　"光伏+"重塑产业　187

第十一章　碳中和下的企业与消费者　205

第十二章　寻找可持续的未来　223

后记　为人类的未来事业而奋斗　235

参考文献　238

序章　对美好生活的向往与光伏之路

1943年，在二战战况最激烈之际，一股浓浓的烟雾笼罩了洛杉矶。烟雾的毒性很大，居民先是感到眼睛刺痛，然后开始流鼻涕，司机无法看到3个街区之外的道路。一些当地人怀疑是日本军队使用化学武器攻击了这座城市。

实际上，洛杉矶并没有受到攻击——至少没有受到人类军队的攻击，真正的元凶是城市空气污染。这是由工业发展和城市天气条件共同造成的一起不幸事故。[①]

洛杉矶西面临海、三面环山、阳光明媚、气候温暖、风景宜人，因商业和旅游业广受关注。此次空气污染事件发生之后，每年夏季至早秋，这座城市的上空经常出现使人眼睛发红、呼吸憋闷的浑浊烟雾。这就是最早出现的新型大气污染事件——光化学烟雾污染事件。[②]

[①] 盖茨.气候经济与人类未来：比尔·盖茨给世界的解决方案[M].陈召强，译.北京：中信出版社,2021：227.

[②] 1943年，洛杉矶的250万辆汽车每天烧掉1 100吨汽油，汽车尾气中的碳氢化合物等经太阳照射形成浅蓝色烟雾，引起该市大量市民眼红、头疼。后来，人们称这种污染物为光化学烟雾。1955年和1970年，当地又发生光化学烟雾污染事件。

20 世纪 30 年代至 40 年代初期，当欧亚大陆硝烟弥漫时，美国远离主要战场，实现了工业大发展。1937 年，美国、英国、德国、苏联、法国和日本的工业产值分别占世界工业总产值的 36.2%、9.5%、10.4%、10%、4.3% 和 3.5%，美国的工业实力遥遥领先于其他国家。

当时工业的代表性产业是汽车与钢铁。20 世纪 40 年代，美国的家庭汽车拥有率已经比较高，纽约马路两边停满了小汽车。汽车工业的发展又拉动了钢铁产能。有关钢铁生产的统计显示，1940 年美国的钢铁产量为 6 076 万吨，英国为 1 230 万吨，苏联为 1 832 万吨，德国为 2 154 万吨，日本为 686 万吨。

但值得特别注意的是，温室气体排放量与钢铁和汽车工业密切相关。每生产 1 吨钢，会伴随排放约 1.8 吨二氧化碳；而汽车在行驶时不仅燃烧汽油还持续排放温室气体。洛杉矶在当时就拥有 250 万辆汽车，每天大约消耗 1 100 吨汽油，排出的碳氢化合物、氮氧化物和一氧化碳合计超过 2 000 吨。

这些钢铁工厂、汽车工厂和飞驰的汽车持续不断地排放出大量有害气体，最终导致了洛杉矶的悲剧发生。

洛杉矶事件并非个案。1952 年，英国陆续发生严重的雾霾事件。2013 年，雾霾笼罩中国多个省份，"雾霾"成为当年的年度关键词之一。直到今天，人类和环境污染的战争还在持续。世界钢铁协会数据显示，2021 年全球的粗钢总产量为 19.5 亿吨。按照这一数据计算，2021 年粗钢冶炼排放了大约 35.1 亿吨二氧化碳。这一数字到底意味着什么呢？对比一下就明白了：世界上最大的热带雨林——亚马孙雨林每年最多也只能吸收 20 亿吨二氧化碳。所以，人类捍卫气候安全的历史尚未结束。但我们面对肆虐的雾霾也并非束手无策，如果我们采取足够的行动，我们面临的状况将有所改善。

通威集团的总部位于成都，近几年能够明显感觉到总部大楼窗外景色的变化。透过落地玻璃，可以看到越来越远的世界，比如可以看见雪山。那这和本书谈论的话题有什么关系呢？

生活在一千多年前的杜甫在成都肯定见过雪山，所以才有"窗含西岭千秋雪"，而现在在成都不仅可以看到西岭雪山，甚至距此230千米之外的"蜀山之王"贡嘎山(7 556米)偶尔也会和成都同框（见图0-1）。"雪山下的公园城市"是成都最近几年的城市名片。在成都看到雪山的频率越来越高，这背后是成都持续改善的空气质量。

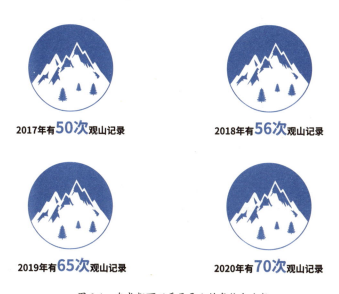

图0-1　在成都可以看见雪山的年份和次数

官方公布的数据显示，成都最近几年的PM2.5浓度下降了约36%。以2020年为例，成都的空气质量优良天数为280天，优良率为76.5%，主要污染物PM10、PM2.5的浓度分别为64微克/立方米、41微克/立方米，同比分别下降5.9%、4.7%。对比基准年2015年，"十三五"时期成都的空气质量优良天数共增加38天，优的天数增加65天，优良率提高了9.6个百分点，基本消除了重污染天气。

相比这些数字，经常出现在窗外的雪山更加生动。200千米的直线距离要实现较高的能见度，考验的是你所处位置的高度和目测所穿透的空气质量。

中国的变化有目共睹。我国在短短几十年创造了人类减贫史上的奇迹。当我们去理解它的逻辑时，可以清晰地看到，在中国共产党的领导下，中国经济突飞猛进。任何一个经济体的发展，都离不开能源和工业的支撑。这里我们可以再看一看美国的经历。

回到20世纪40年代，美国经历大萧条之后，经济开始复苏。雾霾伴随二战而来，这背后是美国工业的快速发展。

1939年，美国只有一家生产铝的企业，产量为3.27亿磅。到了1943年，美国铝的年产量已经达到22.5亿磅。当时，美国的铝产能占世界总产量的42%。铝是制造飞机的重要材料，而战争催生了大量的飞机制造需求。阿瑟·赫尔曼①的著作《拼实业：美国是怎样赢得二战的》认为，帮助美国赢得二战的是美国的经济。事实上，二战把美国经济带向了新高度。

还有一些数字值得关注与思考，2013年中国的人均GDP为4.1万元人民币，若按2010年ICP项目②评估的人民币购买力进行折算，这与美国1940年

---

① 阿瑟·赫尔曼（Arthur Herman），美国著名历史学家、历史作家，他的著作风靡欧美，在传统精英社会中有广泛的影响力。主要作品有《苏格兰：现代世界文明的起点》《甘地与丘吉尔》（入围普利策奖）、《麦克阿瑟传》等。

② 联合国统计委员会于1968年设立了国际比较项目（international comparison program，ICP），旨在测算各国的货币购买力平价（purchasing power parity，PPP），用作货币转换因子，将各国以本币表示的国内生产总值（GDP）及消费、投资等总量指标转换为用统一货币单位表示，从而比较和评价各国的实际经济规模与结构。自ICP设立以来，联合国与世界银行先后开展了八轮国际比较，基准年分别是1970年、1973年、1975年、1980年、1985年、1993年、2005年和2011年。

左右的数据指标相似。

略微分析就会发现,通过观察雾霾同期的经济指标可以清晰地看到,这是化石能源驱动经济发展到一定程度的副产物。美国工业大发展的另一面是温室气体的巨量排放,所以才有前面所说的雾霾故事。

比尔·盖茨花了十年时间调研气候变化的成因和影响,得出的一个结论是:新冠肺炎疫情后,气候灾难将成为人类面临的下一个危机!

按照他的计算,全球每年向大气中排放约510亿吨温室气体。要阻止全球变暖,我们人类需要停止向大气中排放温室气体。这显然不容易。为了呼吁全球行动,比尔·盖茨在2021年出版了一本新书《气候经济与人类未来:比尔·盖茨给世界的解决方案》。

比尔·盖茨是我们非常尊重的企业家,他既有关心全人类命运的胸怀,又有挺膺负责的行动。他投资了很多与新能源相关的企业,并持续关注它们的成长。

在关心全球变暖问题上,过去多年我们和他一样,花了大量的时间来学习和研究与气候变化相关的知识,我们一样确信"要避免气候灾难,我们必须实现零排放的目标;我们需要以更便捷、更聪明的方式部署已有的工具"。略有不同的是,他所说的"工具"是"太阳能和风能发电设备",我们则只推荐太阳能。为什么如此说?

这不仅因为我们深入光伏龙头企业走访和研究,而且因为我们以"技术、市场和政策"的模型对比绿色能源的其他"工具"后发现,光伏产业具备明显的优越性。各种对新能源的比较研究显示,光伏太阳能是目前人类可使用的能源中路径最短、效率最高、可持续利用最强的一种能源，它可在有限空间提供满足人类需求的无限能量，能实现资源利用与环境保护的兼容，是破解当前雾霾之困和具有里程碑意义的能源生产方式。

有关这些更为详细的对比，我们稍后会展开。当然，我们推荐光伏发电，并不意味着否认其他绿色能源。相反，我们认为未来的绿色能源将是一个智慧的新能源综合生态体系，各种能源会互补，而不是非此即彼。

必须强调的是，消除雾霾、能从更远的地方看见雪山，我们对美好生活的向往和美好生活的实现都与能源密切相关。

在未来，光伏太阳能将是主流的清洁能源，将成为我国甚至全球经济社会可持续发展的重要支撑和保障，更将真正开启全球第四次工业革命的崭新篇章。

本书是一本关于光伏能源的梦想、实践与创造的著作。本书以广阔的视角，与读者们共探新能源发展之路，特别是碳中和背景下的光伏发展路径。

在书中，我们将从气候经济、碳中和与光伏能源出发，分析实现零碳世界所面临的挑战与机遇，探索光伏能源的技术突破、市场认可和政策路径，并尽力从可靠、低成本和可持续的实践角度提供一套切实可行的碳中和解决思路。

阅读本书，我们希望大家首先理解以下观点，这些观点代表着未来的方向、周期、逻辑和行动指南。

第一是方向，绿色发展的底层逻辑是能源变革。

"万物各得其和以生，各得其养以成。"人类以自然为根，必须尊重自然、顺应自然、保护自然。能源变革是实现绿色清洁、高质量发展和气候治理的必由之路。

从全球碳排放来源的构成看，能源发电与供热的占比超过40%，紧随其后的交通运输、制造业与建筑业（见图0-2），其底层支撑依然是能源供给，所以实现绿色发展必须先推动能源变革。

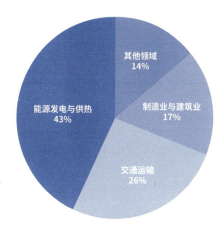

图0-2　2020年全球碳排放来源的构成
资料来源：国际能源署，经前瞻产业研究院整理。

当前，全球气候变暖导致极端天气灾害频发，温室效应及能源不可持续问题已成为当前全人类共同面临的巨大挑战。在21世纪的今天，随着全球石油、煤炭等传统化石能源的逐渐枯竭，以及环境污染、温室效应的加剧，太阳能已成为最经济、最清洁、最环保的可持续能源，这逐渐成为世界性的新能源共识，能源清洁化已成为人类文明发展的必然要求。

第二是周期，实现碳中和迫在眉睫。

实现碳中和的目的是遏制地球变暖。零排放并非不排放,而是实现我们能消除的温室气体多于排放的温室气体,也就是一个加减关系。

基于推动构建人类命运共同体的责任担当和实现可持续发展,中国已经正式宣布将力争在 2030 年前实现碳达峰、在 2060 年前实现碳中和。中国承诺的实现时间,远远短于发达国家所用时间,略微看一下中国的排放数据就会明白,中国需要付出艰苦的努力。

你可以把地球的温室效应理解成一个水缸,水缸里的水已经满了,即便我们只向里面滴一滴水,也会造成水溢出。有科学家计算,在过去的 100 年里,全球地面平均温度已升高了 0.3～0.6 ℃,到 2030 年估计将再升高 1～3 ℃。不要小看这个变化,回顾人类历史,从冰河时代到现在,全球的温差只有 6 ℃。当全世界的平均温度升高 1 ℃时,海平面就会上升,山区冰川就会缩小,气候灾害就会加剧。

2021 年 8 月 9 日,联合国发布的气候分析报告指出,自 19 世纪以来,人类通过燃烧化石燃料获取能源,导致全球气温比工业化前的水平高出了 1.1 ℃。而如果未来 20 年不对持续升温加以控制,届时全球气温将比工业化前的水平高出 1.5 ℃以上,世界各地的极端天气将更加频繁和明显。报告指出,在 21 世纪末将全球气温稳定在工业化前的水平,也就是实现《巴黎协定》的目标,困难重重,这需要在未来 10 年大幅减少二氧化碳排放,到 2050 年实现净零排放。联合国秘书长因此指出,此份报告是"人类的红色警报。在煤炭等化石燃料摧毁地球之前,必须要敲响它们的丧钟!"

实现碳中和的目标是与时间赛跑,迫在眉睫。当然,它不仅是一个时间概念,也是一个持续的过程。

进入 21 世纪以来，全球的碳排放量增长迅速。2000—2021 年，全球二氧化碳排放量增长了 56.3%。英国石油公司 (BP) 发布的《世界能源统计年鉴（第 70 版）》显示，2013—2019 年，全球的碳排放量持续增长，2019 年全球的碳排放量达到 343.6 亿吨。2020 年，受新冠肺炎疫情的影响，全球碳排放量下降至 322.8 亿吨，同比下降 6.0%（见图 0-3）。可 2021 年随着全球经济开始从疫情中复苏，煤炭消耗量出现巨大反弹，全球的二氧化碳排放量再次激增，达 363 亿吨，创历史新高。

图 0-3　2013—2021 年全球碳排放总量的变化趋势

第三是逻辑，"技术、市场和政策"的平衡。

前三次工业革命是由技术推动的，也是由能源变革推动的。在过去大约 200 年的时间里，我们对化石能源或者黑色能源的选择有它的必然性。一方面是技术的突破，比如钢的冶炼、煤炭和石油的开采，新的技术以更低的成本实现了更大的经济回报，所以市场会做出选择；另一方面是政策的推动，比如为

未来　碳中和与人类能源第一主角

应对雾霾而出台的《清洁空气法案》（美国），又如《京都议定书》和《中国应对气候变化国家方案》等，技术、市场和政策这三方的平衡将是理解气候经济与人类世界的一把钥匙。

化石能源在过去200年盛行，是因为化石能源的经济性。人类历史源远流长，化石能源驱动不过200年，现在我们又开始寻找新的替代能源并已经有所成效，绿色能源要取代化石能源，必须拥有比较优势。

而光伏发电的比较优势，会推动光伏产业成为全球实现碳中和、应对气候变化的第一主角。

从制造过程和技术支撑来看，中国的光伏产业已建立起从核心原材料到主要设备、主要产品、系统集成的完整体系，规模居全球第一，成本全球领先。根据麦肯锡发布的研究报告，光伏产业是中美两国对比中最具国际竞争力的产业；从能源投入产出来看，制造光伏发电系统全过程的能源消耗，在电站建成后半年左右即可全部抵消，而在电站建成之后的25年寿命中，可实现长期零排放、接近零消耗持续发电。

十多年来，随着产业规模的不断扩大、技术迭代升级的不断加快、智能制造的迅速推广，光伏发电成本下降了90%以上，最低中标电价纪录被不断刷新，具备了大规模应用、逐步替代化石能源的条件。光伏发电成本的进一步降低，不仅为产业发展创造了空间，更为光伏企业与社会找到了最大公约数，提供了最大的共同成长空间和全球能源转型的巨大市场，从而推动光伏产业成为全球实现碳中和、应对气候变化的第一主角。

我们可以看一看比较优势的示范效应。近年来，中国制造的光伏产品不断走向世界，不但大大加快了发达国家的能源转型速度，更重要的是为"一带一路"沿线及广大的欠发达国家和地区，提供了全新的发展路径，帮助它们跨过先污染后治理的老路，一步踏入可持续发展的快车道。

通威集团一直在光伏能源的世界中持续探索与创新。长期以来，清洁能源的发展一路坎坷，受市场、技术和政策条件的制约，实现能源转型并不容易。但在过去15年里，我们的新能源业务却持续发展壮大，并推动光伏太阳能在可持续的能源市场中的应用与普及。本书不仅介绍通威集团在光伏产业领域的发展，更关注整个碳中和领域，关注绿色能源全面替代化石能源的转型过程。

我们要表达的观点之一是，在面对全球性的气候危机时，必须发扬企业家精神，让创新与实干帮助人类度过危机。因此，理解通威集团在光伏能源上的探索，是认识碳中和时代背景下新能源发展与人类世界的一扇窗口。

第四是行动指南。我们每个人如何参与到未来的建设当中？

保持乐观和积极的心态，坚信我们对美好生活的向往一定会实现。本书描述了我们面临的问题和困难，而且是极大的问题和困难，但这丝毫不影响我们解决问题和克服困难的决心和信心。

气候问题是挑战也是机遇。我们在实现净零排放目标的过程中，一定会看到更多的风景，比如技术的突破、更多国家和人民的协同，如同我们在成都已经可以看到很多年看不到的雪山，美好一定会如期而至。

我们不仅要看清历史与现实，更要采取切实可行的行动。我们在本书中分享的内容和每个人都相关。之所以写这本书，不仅是想将其作为"追求卓越、奉献社会"的实践分享，更是坚信光伏会改变世界。"众力并，则万钧不

足举也。"通威集团希望更多机构和企业参与到实现碳中和的进程中来,希望更多人能够为实现碳中和贡献力量:

(1) 使用清洁能源;

(2) 愿意承担能源变革导致的成本上升;

(3) 个人争取实现净零排放;

(4) 分享碳中和知识。

加快对气候经济与能源共同体的研究与传播知识也十分重要。今天说到温室气体,很多人谈论的是二氧化碳,当然在温室气体总量中,它的占比相对较高。

其实,1997年在日本京都召开的《联合国气候变化框架公约》缔约方第三次大会通过的《京都议定书》,要求控制的六种温室气体为:二氧化碳(CO_2)、甲烷(CH_4)、氧化亚氮(N_2O)、氢氟碳化合物(HFCs)、全氟碳化合物(PFCs)、六氟化硫(SF_6)。

我们举这个例子是希望说明,今天依然有很多人对零碳缺乏了解,对于气候经济与能源知识尚需大力普及。参与碳中和的方式之一是提高认知水平。请把本书推荐给更多热爱我们这个地球的人士。无论你是来自新能源的市场端、技术端还是政策端,又或是普通民众,本书都邀请你为实现零碳贡献力量。

如今,我们已经看到了这样一幅蓝图:2060年左右,世界上的主要经济体甚至是欠发达经济体将会一路、一同、一道迈向实现碳中和目标的新未来。其速度之快、共识之广、经济基础之坚实,使我们有条件、有理由相信人类携手应对气候变化终将化险为夷，并以此为契机迈向全球合作、绿色低碳的生态文明阶段。

让美好成为信仰，让历史见证未来。让我们自愿减排，共同推进低碳世界的实现。一场以人类呼唤绿色和低碳为核心、以环保和可再生能源为主体的能源革命已经在全世界展开，光伏将成为新能源发展的第一主角。我们相信，21世纪的中国必将承担起历史责任和引领全人类可持续发展的使命，必将推动和实现全球能源变革。我们也坚信：光伏会改变世界。

第一篇
碳中和时代

◇◇◇◇◇◇◇

2020年9月,中国宣布将在2030年前实现碳达峰、在2060年前实现碳中和。这一庄严承诺彰显了中国积极应对气候变化、推动构建人类命运共同体的大国担当。

为应对气候危机,全球近200个国家达成了高度共识。碳中和将是人类历史上最伟大的转型!

第一章

全球共识

在气候问题日益严重的今天，碳排放已成为人类发展的最大隐患之一。迈向碳中和、构建人类命运共同体的伟大实践，是推进全球经济发展动力转换的重要引擎。它不仅关系到人类的发展，更关乎人类的生存。

气候紧急状态

2021年，世界最大的冰山"A68"结束了为期四年的漂流——分裂为若干碎块，消失在卫星观测的视野之中。

2017年，"A68"从南极大陆分离时，拥有近6 000平方千米的覆盖面积，其面积差不多等于7.5个纽约、4个伦敦，平均厚度超过350米。如果全部融化，"A68"将为人类提供1.1万亿立方米的淡水资源，可以灌满约15个青海湖（我国最大的湖泊青海湖的总水量也仅仅为739亿立方米）。正因如此，"A68"在发现之初，便引起了人类的广泛关注。

分离后的第二年，"A68"开始随洋流和大风不断向北"流浪"，也是从那时起，开始有碎块从冰山中剥离。从"A68a"到"A68e"，分离出的碎块越来越多，"A68"的面积也随之减少。直到2021年，美国国家冰川中心宣布所有碎块均小到"无法进一步追踪"，"世界最大的冰山"已消失殆尽。

"A68"的变化展示了全球变暖对冰山结构的影响。它的消亡不是一起孤立事件，而是众多事件中的一个代表。历史上有比"A68"更大的冰山。从罗斯冰架断裂而成的"B15"冰山，其面积达1.1万平方千米，是"A68"的近两倍,但在 2018 年时也完全消融在海水之中。又比如北极圈附近的世界第二大冰盖——格陵兰冰盖,自 2021 年 7 月 28 日以来,每天流失的冰量约为 80 亿吨,其融化速度已经比 2000 年以前快了约 4 倍。

冰山融化的背后是不断升高的气温。2020 年,美国加利福尼亚州出现了 130 ℉[①] 的最高气温,约等于 54.4 ℃,如果不考虑殖民时代气温监测是否精准的问题,那么这就是 1931 年以来地球的最高温度,也是有记录以来第三高的温度。同年,日本最高气温突破 41 ℃,追平日本历年最高纪录;还未适应高温的日本,由于炎热的天气,在一周内有 1.28 万人住院、25 人死亡。更严重的是,高温天气不仅出现在中低纬度地区,还在向高纬度寒带地区蔓延。2021 年,热浪侵袭加拿大,基茨拉诺海滩的表面温度高达 51.6 ℃,原本惬意地躺在沙滩上的贝壳皆被烤死,尸体铺满海滩,恶臭难闻。同年 6 月 20 日,北极环境气候监测站监测到了西伯利亚各地区的地表温度普遍超过 35 ℃。北极圈内俄罗斯的维科扬斯克小镇甚至出现了 48 ℃ 的地表最高温度值。原本冰天雪地的极地,仿佛变成了炎热的赤道。

气候变暖、冰山融化带来的直接影响便是海平面的上升。罗斗沙岛是位于广东省湛江市的一座小岛,以纯粹的自然风光吸引着游客欣然前往。但随着海平面的上升,岛屿边缘的海沙不断流失,原本约 5 平方千米的面积,现在只剩不到 2 平方千米,科学家预计 50 年后这座小岛将完全消失。罗斗沙岛是众多处在消失边缘的小岛中的一个。20 世纪,全球海平面上升了约 15 厘米,平均每年上升 1.5 毫米,而目前海平面的上升速度已达每年 3.6 毫米,较 20 世纪增长了约 1.5 倍。如果继续按照这个增速恶化下去,21 世纪末全球海平面最高将会上升 110 厘米。届时,将会有 1.5 亿人无家可归,美国佛罗里达州、日本东京、新加坡这些地势较低的地区将面临被淹没的威胁,以马尔代夫为代表的太平洋岛国可能会完全消失。

---

① ℉,即华氏度。华氏度与摄氏度(℃)的转换关系为:华氏度 =32+ 摄氏度 ×1.8。

而如果格陵兰冰盖全部融化，全球海平面将上升 6～7 米。若地球上所有的冰川融化，海平面将会上升 66 米。根据美国《国家地理杂志》绘制的海平面上升 66 米后的世界地图，人口分布最多的亚洲将损失惨重。我国包括辽东半岛、苏浙沪沿岸、华东平原、华北平原在内的东部沿海地区都将被海水淹没，6 亿中国人将被迫向中西部迁移；人口总数排名世界第八的东南亚国家孟加拉国将成为下一个"亚特兰蒂斯"；湄公河沿岸将不复存在，只剩豆蔻山脉成为一座孤零零的海岛；大西洋将沿着巴拉圭河涌入南美洲腹地，阿根廷首都布宜诺斯艾利斯、乌拉圭沿海地区、巴拉圭大部分地区将被彻底摧毁；欧洲的情况更为严峻，不管是作为"风车之国"的荷兰的鹿特丹，还是"日不落帝国"的首都伦敦，最终都会随"水城"威尼斯一同沉入大海；唯一幸免于难的非洲，看似只需要"祭献"埃及的亚历山大和开罗这两座历史名城，就能逃脱海平面上涨的危机，但地表温度的大幅上升同样会使得人类难以在非洲大陆上生活。

此外，随着平均气温的逐渐升高，不可避免地会引发很多连锁反应，将对包含大气圈、水圈、岩石圈、冰冻圈和生物圈在内的地球系统、能源系统乃至人类社会系统产生重大影响。一方面，高温、山火、冰雹、风暴等自然灾害将日益频繁；另一方面，海洋温度将持续上升，海洋酸化、洪水频发。这两方面均会引发全球粮食危机。农作物的生长依赖适宜的温度、光照和降水，在极端天气的影响下，农业只会变得更加脆弱。据专家预测，在全球变暖的背景下，未来粮食减产可能会达到 30%，全球农田都会受到不同程度的损害，其中南亚和东亚地区受洪涝天气影响最大，南美洲和非洲南部受干旱天气影响最大。饥荒在一些地区可能会愈演愈烈。

恶劣的天气往往还伴随着大规模的经济损失。据麦肯锡《应对气候变化：中国对策》的预测，到 2030 年，中国可能将有 1 000 万～4 500 万人面临极端炎热的威胁。每年因极端炎热和潮湿而损失的户外工作时长的平均占比将从目前的 4% 增至 2030 年的 6.5% 与 2050 年的 9%，也就意味着到 2050 年，年均 GDP 损失可高达 1 万亿～1.5 万亿美元（折合人民币约 7 万亿～10.6 万亿元）。

罗列出如此多的风险，并非耸人听闻。这些危险的信号时刻都在催促我们赶紧行动起来。如果不采取措施遏制气候变暖的速度，冰山在今天消融，人类社会的村庄、城市或许就会在明天消失。

不可否认，除了气候危机之外，我们还面临着许多挑战：逆全球化的贸易保护主义严重威胁着全球经济发展；印巴冲突、巴以冲突不断升级，局部武装冲突愈演愈烈；新冠病毒席卷世界，引发了空前的公共卫生危机……然而，这些危机都是局部性、暂时性的。但在可以预见的未来，气候变化带来的威胁将始终潜伏在全人类身边。人类日积月累对地球气候造成的损害，会在突破某个临界值后反噬到人类身上，那将会是一场灭顶之灾。

《巴黎协定》的警报

解决气候危机，已经迫在眉睫。但我们首先需要知道，究竟是什么原因让我们的地球走到了今天这一步。

全球气候变暖的原因和机制非常复杂，地球的公转轨道、地球自转的倾斜角度、太阳自身光照强度的变化等星体活动，都会引起地球气候的波动。但自工业革命以来，世界气候在短时间内发生了巨大变化（见图1-1），英国气象局编制的《全球一年期至十年期气候最新通报》指出，自2015年以来，全球年平均气温较工业化前水平暂时性升高1.5 ℃的概率逐步增大。预计2022年至2026年，全球年平均气温将比工业化前高出1.1 ℃至1.7 ℃。而研究发现，导致气候突变的罪魁祸首，正是二氧化碳、甲烷等温室气体的大量排放。

碳的排放与吸收是自然界最基本的循环过程。长期以来，碳循环始终处于一种相对平衡的状态。

地球存在四大碳储存库，分别是生物圈、大气圈、海洋圈和岩石圈。碳是构成生命的基本物质，无论是植物还是动物，无论是水生还是陆生，一切大分子的骨架都是碳链，因此生物圈中的各类生命体本身就是碳的一种储存

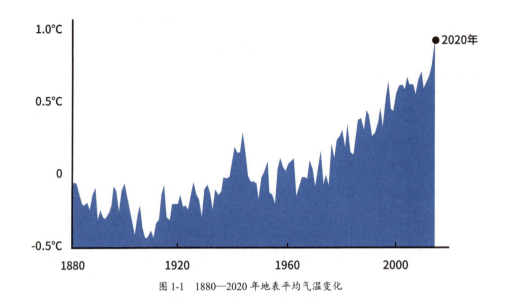

图 1-1　1880—2020 年地表平均气温变化

形式；大气圈中的二氧化碳、甲烷、一氧化碳等气体，是该碳库的储存形式；对于海洋圈，因二氧化碳溶于水，所以碳主要以二氧化碳、碳酸、碳酸根（CO_3^{2-}）和碳酸氢根（HCO_3^-）等形式游离在水中；而岩石圈中的碳则是以各种有机物（包括化石燃料）的形式贮藏在地下。四大碳储存库之间相互交换，构成了自然界整体的碳循环。

大气中的二氧化碳通过植物光合作用固化为能量，经由食物链传递给上级消费者。经过各级消费者和生产者的呼吸作用，二氧化碳又被排放到大气中。待生物死亡后，其由碳组成的残体，一部分会在微生物的分解下转化为二氧化碳并释放到大气中；还有一部分在分解前就被掩埋在地下，在压力和热力的作用下转化为化石燃料，整个过程十分缓慢——我们现在使用的石油，是恐龙统治地球时开始演化形成的。当然，因为二氧化碳溶于水，大气中的二氧化碳在与海面接触时会溶于海水，储存在大海之中，供水生生物完成能量交换。

在这套完整的循环体系下，每年大约有 3.3 万亿吨二氧化碳参与周转。以光合作用环节为例，每年约有 1 230 亿吨的二氧化碳会在光合作用过程中被吸收，其中森林是主力军。每天单位平方米森林能吸收的碳量，热带森林为450～1 600克，温带森林为270～1 125克，寒带森林为180～900克，同面积的草原为130克，耕地为45克。[①] 可见有"地球之肺"之称的热带雨林名副其实。

但是，工业革命后，人为的生产活动将埋藏在地下的有机物燃烧，释放出大量的二氧化碳。新增的二氧化碳一部分被海水吸收，一部分通过植物的光合作用被吸收或被雨水溶解储存于地下，但依然有近40%的二氧化碳停留在大气上空（见图1-2）。工业革命前，大气中的二氧化碳含量为280ppm[②]，到2020年这个数字已上升至415ppm，如果以510万亿吨的大气总质量来计算，大气中的二氧化碳的质量已经达到了0.21万亿吨。地球系统的碳循环受到影响后，引起大气成分发生变化，打破了原有大气辐射的收支平衡，形成了温室效应。

所谓温室效应，是指地表主要通过吸收太阳短波辐射增温，但同时向宇宙放出长波辐射（热辐射、红外辐射），而某些长波辐射被大气中的温室气体吸收，这些吸收的能量再向各个方向辐射，向上辐射的部分从大气较冷的高层消失，向下辐射的部分使地表升温（见图1-3）。这就如同给地球盖上了一层厚厚的棉被，而且这层棉被只会保暖（减少了地表向宇宙的辐射），不会隔热（不会阻挡太阳向地表的短波辐射）。所以，二氧化碳等温室气体已经成为当今世界威胁人类生存的头号"敌人"，各国都将控制碳排放视作解决气候问题的关键一步。

联合国为了更好地联合全人类的力量，始终在寻找一套有效的全球气候治理体系。1991年，联合国正式开启国际气候谈判进程，1992年通过了《联合国气候变化框架公约》，提出将大气中的温室气体浓度维持在一个稳定水平。1997年《京都议定书》通过，世界各国在联合国的领导下就温室气体减排目标达成初步共识，也为应对气候危机的后续行动奠定了基础。

---

① 刘汉元，刘建生.能源革命：改变21世纪[M].北京：中国言实出版社,2010.

② ppm=10^{-6}，表示浓度。

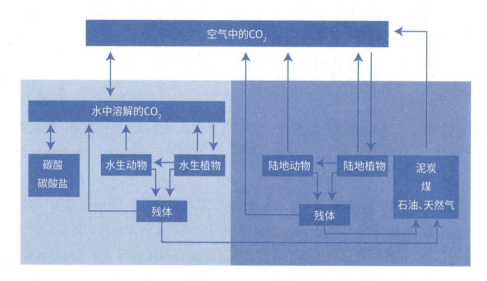

图 1-2　碳循环体系

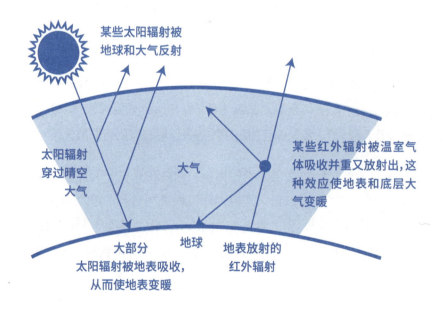

图 1-3　温室效应产生的机理

但是,《京都议定书》并没有得到有效贯彻和实施。一个原因是,《京都议定书》需要占 1990 年全球温室气体排放量 55 % 以上的至少 55 个国家和地区批准之后,才能成为具有法律约束力的国际公约,所以《京都议定书》虽然在 1997 年通过,但正式生效又往后推迟了几年。另一个更深层次的原因是,《京都议定书》建立在 20 世纪 90 年代的产业发展基础上,节能减排的技术成本非常高昂,难以应用到实际的产业中。最典型的事件是 2001 年,美国总统小布什刚上任就宣布美国退出《京都议定书》,理由就是他认为该议定书给美国经济发展带来过重负担。美国尚且如此,更别说经济欠发达、技术落后的发展中国家。产业基础的薄弱,就使得解决气候问题与考量现实利益交织在一起,导致在处理环境保护与发展问题、在履行节能减排的责任与义务上发达国家和发展中国家无法同步。

为了尽量避免发展不平衡限制气候治理的脚步,2007 年 12 月 15 日,联合国气候变化大会通过"巴厘岛路线图"决议,在"共同但有区别的责任"[①]原则的基础上,确立了"双轨制"模式:发达国家要承担可测量、可报告和可核实的量化减排义务;发展中国家则要在发达国家的支持下,自主采取减缓气候危机的行动。这在《联合国气候变化框架公约》和《京都议定书》的基础上又向前迈进了一步。

真正具有最广泛影响力的决议是在 2015 年通过的。2015 年 12 月,世界各国经过多轮谈判对气候问题达成深切共识,《联合国气候变化框架公约》近 200 个缔约方在法国巴黎签订《巴黎协定》,在"双轨制"共识的基础上又针对目标、路径等做出规定,明确提出总体气候目标,即要在 21 世纪末之前将全球平均温度的上升幅度控制在与工业革命前后(1750 年前后)水平相差 2 ℃ 的范围内,并努力将其限制在相差 1.5 ℃ 以内。这是全球第一次明确了控温指标。不要

---

① "共同但有区别的责任"包含两方面的含义:一是"共同的责任",各国不论大小、强弱、贫富,均对全球气候变化负有责任;二是"有区别的责任",强调发达国家与发展中国家对气候变化的不同责任。

小看这 2 ℃，由于地球约 70% 的面积是海洋，而海洋的比热容大，这意味着如果全球气温平均上升 2 ℃，许多地方的升温幅度将远远超过 2 ℃。同时，全球气候变暖并不意味着世界各地的平均温度会同步升高。有些地区可能上升 4 ℃，另外一些地区则可能下降 2 ℃。由于能量守恒，一个地区出现寒冬则必然有另外一个地区的异常高温作为补偿。温度差如同推动大气运行的发动机油门，开足油门将推动冷气团的高速运动，这将造成极端严寒和极端炎热。由此可见，地表气温上升 2 ℃ 已经是人类社会维持生存的极限了。而且这 2 ℃ 要从工业革命算起，工业革命至今全球已经升温 1.1 ℃，留给我们的控温空间只有 0.9 ℃。

《巴黎协定》的签署对人类应对气候危机有着重大意义。它得到了近 200 个国家的支持，表明各国在气候治理的国际合作上达成了普遍的政治共识。虽然各国在气候治理能力和政治意愿方面依然大相径庭，但不可否认的是，处于不同发展阶段的国家已经停止了关于气候变化的科学和政治争论，在遏制全球变暖、降低全球气候变化的损害、控制全球平均气温升幅等方面已达成共同目标。而且《巴黎协定》是一份具有法律约束力的国际条约，它把全球气候目标、各国政治共识和减排承诺通过法律的形式明确固定下来，成为"后京都时代"国际气候变化制度的法律基础。更为重要的是，主要碳排放大国在签署《巴黎协定》时都提出了自主减排承诺。因为有了自主减排承诺，部分国家放弃了纷争，改变了原来的立场，让全球气候治理协作成为可能。

但是，《巴黎协定》也有遗憾之处。第一个遗憾是特朗普执掌美国之后，美国迅速退出了协定。美国这么做，背后有着现实的利益考量。根据美国能源信息署（EIA）2015 年提供的数据，2010—2015 年美国页岩气的产量逐年增加，2015 年产量已经超过 4 382 亿立方米。这让美国从能源进口国一跃成为能源出口国。而且页岩气的开采成本逐年下降，2015 年成本为 30～40 美元/桶。美国不仅实现了能源自给自足，还因为出口页岩气大赚了一笔。在此背景下，特朗普宣布美国退出《巴黎协定》正是对国内能源资本的示好，但此举却打击了国际社会对气候治理协作的信心，给未来全球合作带来了巨大的负面影响。第二个遗憾是，即使将各碳排放大国的自主减排承诺加在一起，也与《巴黎协定》的控温目标相去甚远。社会组织"气候行动追踪者"评估，如果各国仅仅完成自主减排承诺，21世纪末地表升温幅度仍然可能超过2 ℃，甚至达到3 ℃或者更高的水平。

正是因为有种种负面因素影响应对气候危机的努力，2018年联合国政府间气候变化专门委员会（IPCC）在《巴黎协定》的基础上，再次发布《IPCC全球升温1.5 ℃特别报告》，这份报告引用了超过6 000篇科学文献，邀请了全球数千名专家和政府审稿人参与，得出了更为严峻的结论：将全球变暖限制在2 ℃已经不能解决气候问题，1.5 ℃是未来全人类必须全力以赴达成的目标。也就是说，原本《巴黎协定》1.5 ℃的控温目标从倡议变成了"必须"。

为什么联合国要召集如此多的科学家、政府人士在这区区0.5 ℃上做文章？因为科研人员发现，在2 ℃的控温方案下，在10.5万个物种中，预计有18%的昆虫、16%的植物和8%的脊椎动物将失去超过一半的地理分布。而在1.5 ℃的控温方案下会丧失一半地理分布的，预计只有9.6%的昆虫、8%的植物和4%的脊椎动物。又如，升温2 ℃会有超过99%的珊瑚礁消失殆尽，而升温1.5 ℃，珊瑚礁减少幅度为70%～90%。而且控温1.5 ℃与控温2 ℃相比，可以降低格陵兰冰盖消失等不可逆转的风险，降低海洋温度升高、海洋酸化加剧等风险，更大限度地保护陆地、淡水、沿岸生态系统。特别是对于经济基础薄弱、受极端天气影响大的沿海国家和小岛屿而言，1.5 ℃的控温目标更关乎生死存亡——控温目标越严格，它们沉没在大海中的概率就越低。

从2 ℃缩减到1.5 ℃，是气候危机愈发紧迫的信号。2021年，大气温室气体的浓度已攀升至近80万年来的最高水平。据世界气象组织发布的《未来五年全球气温预测评估》，在2021—2025年的5年间，全球平均气温仍然呈持续上升的趋势，两极的气温升幅可能会进一步超过预期，地球将从"全球变暖"走向"全球变热"。

由此可见，解决气候问题是人类历史上遇到过的最紧迫也是最艰巨的任务，它呈现出广泛性、复杂性和综合性的特征，涉及世界各国交通、工业、农业与居民生活等多方面技术、政策与战略的改变。这需要各方携手应对，共同行动。但是，由于各国发展阶段不同，经济利益、政治利益不一致，其间常常夹杂着利益竞争关系，发达国家和发展中国家之间的矛盾尤为突出。因此，气候问题被学者称为"从地狱来的难题"。

但不论前路有何困难，解决气候危机已是刻不容缓。《巴黎协定》与《IPCC全球升温1.5 ℃特别报告》为人类的命运敲响了警钟。人类的未来究竟应该向何处去？

全球零碳行动

在过去几个世纪中，不少国家都将发达国家作为经济现代化的目标。比如，有观点认为，中国现代化的明天就是发达国家的今天，现代化就是欧美化。但这显然不符合历史发展潮流，发达国家并未实现人与生态环境的和谐共生，在面对气候问题上，可以说世界各国都在接近的起跑线上。

今天，全球已经达成了一定的共识。以绿色发展替代高能耗发展，减少温室气体排放，缓解全球气候变化危机，是目前能想到的最实际的解决方案。正如比尔·盖茨在《气候经济与人类未来：比尔·盖茨给世界的解决方案》一书中所言，只有将全球每年向大气中排放的温室气体总量从"510亿吨"变为"0"，人类才可以健康、持续地发展到22世纪。

而要减少温室气体排放，核心是要减少二氧化碳的排放。一是因为二氧化碳是最主要的温室气体，在全球温室气体排放总量中占75%。二是因为在现有技术条件下，二氧化碳的减排难度低于其他温室气体。

那么，在全球范围内，我们已经排放了多少二氧化碳？又还有多少排放空间？如果将全球气温上升幅度控制在2 ℃以内，那么全球的碳预算额度为10 000亿吨，而自工业革命至2011年，已经排放了5 150亿吨，用掉了近

52%的预算额度。如果按照当下的碳排放速度，预计到2035年排放量就会超支。在1.5℃的控温目标下，允许排放的二氧化碳额度将会更低。所以，留给我们的时间只有10～15年。由此可见，开展零碳行动已经迫在眉睫。

所谓"零碳"，并非不排放"碳"，而是指排放的碳能够通过各种手段中和掉，实现净零排放。在这一过程中，"碳达峰"（见图1-4）与"碳中和"（见图1-5）的概念迅速兴起，一场关乎"碳"的全球竞赛蔚然成风。

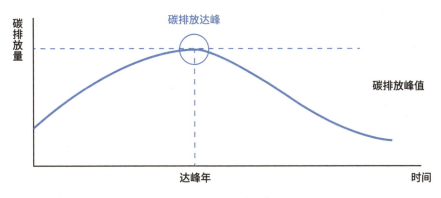

图1-4 碳达峰示意

碳达峰：与碳有关的温室气体（主要包括二氧化碳、甲烷、氢氟氯碳化物等气体）的排放量，在某一时间节点上达到峰值，之后逐步回落实，呈现负增长。

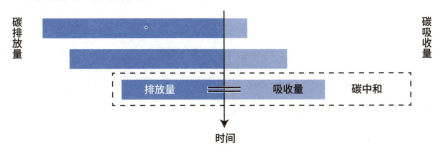

图1-5 碳中和示意

碳中和：在单位时间内，直接或间接产生的温室气体排放量，可以被自然环境或经人为干预完全吸收，实现温室气体的净零排放。

碳中和的概念可以追溯到1997年一家英国公司的商业策划案。该公司为客户提供"碳中和"服务，即帮助客户计算其一年的二氧化碳制造量，然后让客户通过植树的方式达到个体的碳中和目标。2007年，《牛津英语词典》正式将"carbon neutral"（碳中和）一词编入，给予的注释为："通过计算二氧化碳的排放总量，然后通过植树等方式把这些排放量吸收掉，以达到环保的目的。"之后，碳中和被赋予了更多的价值：主体由个人上升至某一地区或国家；覆盖范围由原先的二氧化碳，上升到甲烷、氢氟氯碳化物等所有与碳有关的温室气体；中和方法也由终端吸收转向源头遏制，但目的始终是温室气体的"净零"排放。而要实现碳中和，首先需要实现碳达峰。

早在2007年，哥斯达黎加政府就率先宣布要在2021年实现碳中和，从而使哥斯达黎加成为全世界最早提出碳中和目标的国家。作为一个发展中国家，哥斯达黎加之所以有勇气站出来，离不开其丰富的森林资源。

位于美洲中部的哥斯达黎加的森林覆盖率在历史上最高曾达到80%以上。虽然在19世纪中期至20世纪中期，由于农业开发、经济发展，哥斯达黎加的森林覆盖率一度下降至21%，但在1969年实行《森林保护法》之后，哥斯达黎加的森林覆盖面积显著扩大。

在其宣布碳中和目标的2007年，哥斯达黎加一年就种植了超过500万棵树，人均种植1.25棵，居世界第一。用森林抵消碳排放，是哥斯达黎加政府最初的设想。但碳中和道路并没有想象中的那么顺利。在2019年的"碳中和国家计划2.0"中，哥斯达黎加表示，由于挑战加剧，不得不将实现碳中和的期限向后延迟到2050年。

虽然哥斯达黎加没有按计划完成它的目标，但是越来越多的国家对气候危机的预警做出了积极响应，提出了明确的碳中和目标。2019—2020年，以德国、法国、奥地利为代表的欧洲国家，以日本、韩国、新加坡为代表的亚洲国家，以乌拉圭、智利为代表的南美国家，以南非为代表的非洲国家，均宣布碳中和承诺。美国总统拜登在上任第一天就宣布美国重返《巴黎协定》，并承诺 2050 年实现碳中和。

截至 2021 年 6 月，包括中国在内，全球有超过 130 个国家宣布承诺实现碳中和的目标（见表 1-1），甚至欧洲宣布要在 2050 年成为人类历史上首个碳中和大陆。

表 1-1 全球已承诺实现碳中和的国家名单（部分）

进展情况	国家	承诺时间
已实现	苏里南	/
	不丹	/
已立法	法国	2050 年
	新西兰	2050 年
	意大利	2050 年
	德国	2045 年
立法中	智利	2050 年
	斐济	2050 年
	韩国	2050 年
	西班牙	2050 年
政策宣誓	挪威	2050 年
	比利时	2050 年
	奥地利	2040 年
	芬兰	2035 年
	乌拉圭	2030 年

注：以上数据截至 2021 年 6 月。

各经济体在交通、工业、建筑等多个领域分别出台政策，设计未来路线。如在交通领域，法国政府于 2019 年颁布《交通未来导向法》，明确要求在 2030 年前减少 37.5% 的交通领域二氧化碳排放量。该法致力于提高可再生交通燃料的占比，提出要在 2022 年前将电动汽车充电桩数量增加 5 倍，并在 2023 年前累计拨款 137 亿欧元用于改造交通基础设施，到 2040 年停止出售使用汽油、柴油等化石燃料的车辆。

在工业领域，比如2020年3月，欧盟发布《欧洲工业战略》，提出要促进工业部门实现气候中和以及数字化发展，并且提出在保障产业安全的前提下加强低碳技术开发，让钢铁、化工和水泥等能源密集型企业既能实现产业端的供应稳定，又能实现环境友好、节能减排。

在建筑领域，欧盟积极尝试降低建筑能耗，改善建筑用能结构。比如，引入自然光替代部分照明，通过设计实现自然风代替部分空调，使用薄膜材料铺设建筑外墙面发电，收集雨水冲洗厕所，等等，还创造出"被动房"[①]这一全新节能建筑概念，不仅对新修建的建筑进行低碳设计，而且对老旧城区和工业园区进行改造。

不论是发达国家还是发展中国家，不论是普通民众还是专业人士，推动全球碳中和，已经从互相推诿变成了相互合作、竞相承担绿色责任，因为这是人类应对气候危机的唯一选择。

"3060" 中国双碳目标

全球零碳行动如火如荼，中国发挥了关键作用。

1978年后，中国经济发展取得了长足进步，同时碳排放量也一路高走。中国于2005年超过美国，一跃成为世界第一大碳排放国（见图1-6）。2019年中国的碳排放量占比约达到全球的27.92%，2020年的占比已达到31%。[②]但从人均碳排放量的角度来看，中国虽然仍然高于全球平均水平，但实际上要低

---

① 被动房，是指通过充分利用可再生能源，使每年所有消耗的一次能源总和不超过$120kW \cdot h/m^2$的房屋。

② 2020年占比增长主要是受新冠肺炎疫情的影响，中国经济恢复较快，而其他国家经济恢复较慢。

于大多数发达国家（见图 1-7）。2019 年中国人均碳排放量为 7.10 吨，略高于欧盟同期水平，但远低于美国约 16.06 吨/人的排放量。[①]

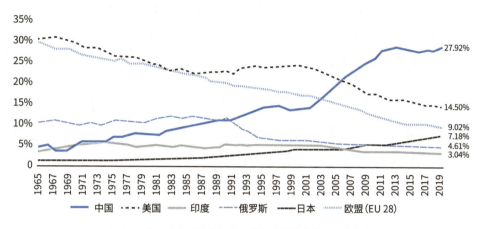

图 1-6　主要碳排放经济体的二氧化碳排放量占全球的比重
资料来源：Our World in Data，中大咨询分析。

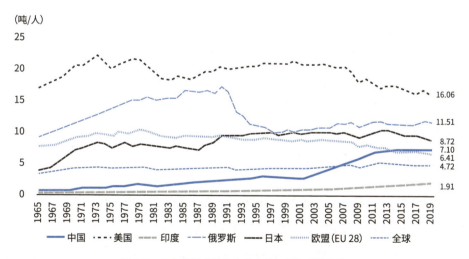

图 1-7　主要碳排放经济体的人均二氧化碳排放量
资料来源：Our World in Data，中大咨询分析。

2020 年 9 月，中国在联合国大会上庄严承诺：中国将提高国家自主贡献

---

① 中大咨询. 全球碳排放现状与挑战 [R].2021-09-17.

力度，采取更加有力的政策和措施，二氧化碳排放力争于2030年前达到峰值，努力争取2060年前实现碳中和。这一鼓舞人心的目标不仅是中国自身改革和可持续发展的需要，更是中国作为负责任大国的担当体现，获得了世界各国的广泛赞誉。此次承诺，对推动国际能源转型，对中国实现可持续发展，对人类生态发展、环境保护都有着重要意义。

中国的"3060"双碳目标，绝非全球潮流下的"拍脑袋"决定，而是历史发展的必然结果。在过去的20年间，中国一步步积累，不断推出相应的政策，发展有关的产业，这一切共同造就了中国碳中和的宏伟目标。

早在1997年《京都议定书》通过之前，中国就已经开始关注气候变化对国家和社会的影响，并积极投身全球碳减排事业，颁布《中华人民共和国节约能源法》，初步开启社会节能减排新风尚。

2005年，我国第一次提出了碳减排目标的构想。在"十一五"规划中，首次将"节能减排"的目标量化，明确规定：在"十一五"期间单位国内生产总值能耗降低20%左右、主要污染物排放总量减少10%。同时，力争在2020年实现碳排放强度比2005年下降18%，非化石能源占一次能源的比重达到15%左右。此后，国家在每个五年计（规）划中，都会以2005年的碳排放情况为参考设立一个相对的减排目标。

2013年，中国在五年目标的基础上，启动关于21世纪中叶的宏观发展战略研究，开始着手规划2030年及2050年低碳发展路线图。2015年，为积极响应《巴黎协定》，中国在国际场合公开表态，将于2030年左右达到碳排放峰值并争取尽早达峰，碳强度较2005年下降60%～65%，非化石能源占一次能源消费的比重达到20%左右。

2017年，党的十九大报告指出：中国特色社会主义进入新时代。要加快生态文明体制改革，建设美丽中国。推进能源生产和消费革命，构建清洁低碳、安全高效的能源体系。要在 2050 年实现非化石能源占比超过 50%、清洁能源率达到 50%、终端电气化率达到 50%，进一步具化 2030 年实现碳达峰的路径。

2018 年 3 月 11 日，十三届全国人大一次会议通过《中华人民共和国宪法修正案》，把"生态文明"写入宪法。这标志着一个新时代的开始：中国决心坚持绿色发展，把生态文明建设融入经济建设、政治建设、文化建设、社会建设各方面和全过程，加大生态环境保护力度，使得生态文明建设在重点突破中实现整体推进。至此，新时代下的绿色革命拉开序幕。

与此同时，中国节能减排取得斐然成绩，在 2012—2016 年间多次出现二氧化碳排放的负增长。中国 GDP 的碳强度（按购买力平价计算的每单位 GDP 的二氧化碳排放量）已从 2005 年的近 810 克高峰下降到 2020 年的 450 克[①]。德国安联集团的研究机构发布报告称，过去 50 年，中国每单位 GDP 的二氧化碳排放几乎每 20 年就减少一半，减排速度超过世界平均水平；自 2000 年以来，中国可再生能源装机容量增长超过 800%，远高于欧盟的 230% 和美国的 160%；近年来中国电动汽车市场增速领先，2019 年中国电动汽车保有量超过欧美的总和。同时，中国近 20 年来对全球绿化增量的贡献居全球首位，固碳能力显著提升。英国《自然》杂志曾在 2020 年 10 月刊登一篇题为《基于大气二氧化碳数据的中国陆地大尺度碳汇估测》的文章，文章指出，2010—2016 年，中国陆地生态系统年均吸收约 11.1 亿吨碳，吸收了同期人为碳排放的 45%。在此基础上，中国明确提出到 2030 年每单位 GDP 的二氧化碳排放量将比 2005 年下降 65% 以上，非化石能源占一次能源消费比重将达到 25% 左右，森林蓄积量将比 2005 年增加 60 亿立方米，风电、太阳能发电总装机容量将达到 12 亿 kW 以上。21 世纪中叶，"3060"双碳目标也应运而生。

---

① 资料来源：国际能源署（IEA）- 中国能源体系碳中和路线图。

中国做出这一承诺后，立刻在国际上引起热议，《纽约时报》、路透社等国外知名媒体纷纷报道，更有甚者将其评价为"过去十年里最大的气候新闻"。这不难理解，工业生产是二氧化碳排放的重要路径，一个正快速发展的国家肯定会比一个发展稳定下来的国家产生更多的二氧化碳。中国作为世界上最大的发展中国家，也作为化石能源的消费大国，一举一动都将深刻影响全球气候。据英国剑桥计量经济学会预测，中国的减排承诺可将全球升温水平拉低 0.25 ℃左右，将对解决全球气候问题做出重要贡献。

中国实现碳中和的承诺，将成为全球在解决气候问题的过程中迈出的坚实一步。但是，在推动碳中和的进程中，我国面临着比发达国家更大的挑战。首先是时间紧、任务重。中国承诺实现碳中和的时间仅比大多数发达国家晚了 10 年，难度却是欧美发达国家的数倍。由于先发优势，多数欧美国家在 2000 年前后均已实现碳达峰：德国于 1990 年实现碳达峰，英国是 1991 年，哥斯达黎加是 1999 年；美国虽然比较晚，但也在 2007 年实现了碳达峰。中国却依然走在努力实现碳达峰的道路上，而且还需要走近 10 年的时间。发达国家从碳达峰到碳中和之间的时间跨度为五六十年，而我们只有 30 年的时间。就碳减排总量而言，中国是世界上最大的碳排放国，排放总量接近排名第二至第五的美国、印度、俄罗斯和日本四国的总和，远高于约 18% 的人口比重和 17.4% 的 GDP 比重。要用 30 年的时间完成如此艰巨的任务，这对国家经济发展模式、企业生产模式、人民生活方式都提出了严苛的调整要求。

其次，我国经济中制造业占比大、经济发展任务繁重，因此能源强度下降空间受到制约。发达国家碳排放水平之所以出现下降趋势，原因之一在于产业高度服务化，制造业占比明显下降。但我国刚刚迈过中等收入国家的门槛，仍然需要制造业支撑经济发展和产业追赶。如果我国要达到中等发达国家发展水平，实现"十四五"规划和 2035 年远景目标，那么未来 15 年我国经济仍然要保持较快的发展速度。我们应该通过技术手段和优化经济结构，升级或者淘汰钢铁、水泥、玻璃等部分落后产能，降低高排放、高污染重化工业的比重，但是不能像欧美国家一样过早去制造业、去工业化。

另外，欧美各国淘汰落后产能的路径也并非全部都值得我国学习。它们的减排成果部分是通过将本国的高碳产业转移至发展中国家实现的。最典型的例子就是对垃圾的处理。

以美国为例，国际学术期刊《科学进展》计算了217个国家和地区的塑料垃圾总量，发现美国每年生产了全球30%的垃圾，2016年仅塑料垃圾就有4 200万吨，城市固体垃圾更是高达2.58亿吨。处理这些垃圾不仅成本巨大，还会排放大量的温室气体。因此，美国把大量的垃圾都转移到了其他国家，仅有2%～3%（91万～125万吨）的塑料垃圾在本国处理。这固然减少了本国的碳排放量，但却没有减少全球的碳排放总量，而且还造成了被转移国家的环境污染。随着国际社会的低碳经济和环保共识增强，这种"损人利己"的行为遭到了各国抵制。如果现在向发展中国家转移高碳产业，必然造成严重的负面影响。

另外，钢铁、冶金等高碳产业是一个国家工业能力的保障，如果全部转移至其他国家，将会削弱本国的制造业实力，还会导致大量产业工人失业。美国在过去30年的产业转移中已经尝到了制造业萎缩的苦果。因此，我们必须放弃发达国家转移高碳产业的道路，转而通过持续不断的技术创新与科学合理的产业升级来实现减排目标。

此外，与已实现工业化的发达国家相比，中国的工业化和现代化进程还在继续，中国每年消耗全球超过一半的煤炭，碳排放量不容乐观。在碳中和目标下，我们必须摒弃过去的生产方式，实现能源变革。但是，现阶段的能源系统不仅为我们提供了所需要的电力、热力和交通移动力等能源服务，也提供了人类生活与生产活动所必需的原材料，如塑料、化肥、服装、轮胎和各种化纤材料[①]。所以，我们不仅摆脱不了对部分"碳"的依赖，相反，随着人口的增加和生活水平的提高，我们对碳基材料与产品的需求会与日俱增，这就意味着我们既要满足不断增长的能源需求、碳素需求和经济持续增长的需求，又要把二氧化碳等温室气体的排放降到最低。这对我国的碳中和道路提出了更高要求。

那么，如何在短短的 40 年时间内实现双碳目标？如何解决经济发展与环境保护之间的矛盾？如何完成一场系统性的社会经济变革？我们认为，其中最重要的抓手，绕不开"能源"二字。只有实现能源转型，才能从根本上解决我国的碳排放问题。而且，当下实现能源转型已经具备产业条件，能源转型是我国实现可持续发展的必然选择。在全球迈向碳中和的历史进程中，能源转型的大幕正在拉开。

---

① 2018 年，国际能源署发布了《石化行业的未来》，指出为人类生活提供各类必需品（塑料、化肥、包装、衣服、医疗器具、洗衣粉、汽车轮胎等碳基化合物）的石化行业已经占到全球石油消费的 14% 和天然气消费的 8%。

第二章

重新认识能源

实现碳中和，必须重新认识能源。立足今天回过头看，蒸汽机、煤炭、钢铁是促成工业革命技术加速发展的三大主要因素。在瓦特改良蒸汽机之前，人力和畜力构成了主要的生产力。在瓦特改良蒸汽机之后，化石能源加速了生产力的发展，对社会经济发展发挥了巨大的驱动作用。

煤炭、石油、天然气作为化石能源的主体，可以说是经济发展的核心动力，为人类的发展做出了不可磨灭的贡献。但如今，我们要紧跟时代的发展，审时度势，重新认识传统化石能源。

人类已经站在了从后化石能源时代向清洁能源时代迈进的里程碑前，只有积极拥抱变革，才能在未来安心地呼吸每一口空气，安然地享受现代文明的成果。

只有深刻理解我国当前严重的生态环境问题的成因，清醒认识我国以煤炭、石油等化石能源为主的能源消费结构，为此制定和落实更有针对性和有效性的长期政策措施，尽快实现从化石能源到可再生清洁能源的根本转变，才能标本兼治并从根本上解决危害人民群众身体健康的生态环境问题。

化石能源透支未来

化石能源对人类社会的经济发展有着重要的历史意义。无论是煤炭、石油还是天然气，都已经支撑起一条完整的能源产业链，并且我们依靠这一产业链推动了人类社会经济的高速发展。回望历史，化石能源的历史意义一目了然：在1820—1913年这近百年的时间里，英国的经济总量增长了7倍，德国增长了4倍，法国增长了9倍，美国更是增长了45倍。与此同时，这些国家的化石能源消耗量也在飞速增长：英国在这近百年的时间里，化石能源消费增长了约13倍；美国的能源使用量增长了50～60倍，其中90%以上是煤炭。

1978年，在改革开放开始之时，中国的经济规模只占世界经济总量的4.9%，人均GDP仅为156美元。156美元有多少？当时，撒哈拉以南非洲国家的人均GDP是490美元，我国的人均GDP不到它们的三分之一，更别说与欧美发达国家的差距了。但是，经过40多年的改革开放，2020年，我国人均GDP连续两年超过1万美元，GDP总量约14.73万亿美元，占世界的比重为17%。时至今日，我国早已从世界最贫穷的国家跃升为全球第二大经济体。在快速增长的背后，当然也少不了化石能源的贡献。1978年，我国的能源生产总量约为6.3亿吨标准煤，能源消费总量约为5.7亿吨标准煤；到2020年分别增长至40.8亿吨标准煤和49.8亿吨标准煤。

由此可见，不论是欧美还是我国，不论是19世纪还是20世纪，化石能源对经济发展都起到了巨大的推动作用。也正因为化石能源的使用，我们人类才能在短短300年的时间内创造出超过过去5 000年总和的财富与文明。此外，未来发展的效率还将提高，时间还将缩短，财富还会增长。但问题的关键是，我们不能再像过去一样依靠化石能源了。

原因不证自明：化石能源是有限的，并且在生产和消费过程中造成严重的污染。

煤炭、石油和天然气，都不可能永久支撑人类如此快速的消费，它们终究是会被耗尽的。其有限性首先体现在分布上。化石能源是生物与地球环境相互作用、协同演化的产物。它们是数百万年前的远古生物遗体掩埋在地下，经由特殊的地质活动沉积形成的。这就决定了化石能源的分布范围是由远古时期生物的生长环境决定的。气候温暖、湿润，动植物资源丰富的温带地区是化石能源集中的区域。

以煤炭为例，煤炭几乎分布在北纬30°以北的国家；北纬30°以南除了澳大利亚和南非外，几乎没有煤炭储量较多的国家。南美洲几乎没有煤炭资源。又以石油为例，2019年全世界石油储量最大的十个国家分别是委内瑞拉（3 038亿桶）、沙特阿拉伯（2 976亿桶）、加拿大（1 697亿桶）、伊朗（1 556亿桶）、伊拉克（1 450亿桶）、俄罗斯（1 072亿桶）、科威特（1 015亿桶）、阿拉伯联合酋长国（978亿桶）、利比亚（484亿桶）。这十个国家的石油储量占到了全球石油储量的近80%。天然气的分布也呈现出高度集中的情况。所以这导致的结果是，能源匮乏的国家其社会经济发展严重受到阻碍，能源分布不均激化了国家间的矛盾，石油战争的阴影挥之不去。

而富油、富煤的地区，能源也有耗尽的一天。在我国因资源耗尽而衰败的城市有67座，其中因煤炭枯竭而衰败的就有37座。以煤都抚顺为例，20世纪初，抚顺煤矿享誉全国，其储量高达15亿吨。凭借煤矿的开发，抚顺也最早成为我国的工业中心，在民国时期就已经是繁华的大都市。但是好景不长，大约在2015年抚顺的煤炭资源已经开发了三分之二，其产量也从1961年的1 830万吨/年下跌到300万吨/年。一座因煤而兴的城市，最终也因煤炭资源的枯竭而走向衰败。

全世界的化石能源还能使用多少年？一百年、两百年或者三百年？没有人能给出一个准确的数据。但是，我们必须清晰地认识到，化石能源并非永不枯竭。而且随着浅层化石能源开发殆尽，要保持持续的能源供应，就必须向地质条件更复杂的深处沉底挖掘，开采成本会不断攀升。

除了资源有限外,更严重的是在开发和消费化石能源的过程中,会排放大量的二氧化碳等温室气体。翻滚的浓烟、丑陋的矿坑、泄漏的原油,正在肆无忌惮地破坏着天空、陆地和海洋。英国是最早因化石能源燃烧而产生生态危机的国家。19世纪,依靠工业革命一举成为当时最强大的国家后,英国伦敦获得了一个知名标签——雾都。在19世纪的英国文学名著中常常可以看到雾都、阴暗等词汇,反映出当时英国伦敦严重的空气污染。大文豪狄更斯在《我们共同的朋友》中就描述了雾都可怕的景象:

> 这一天,伦敦有雾,这场雾浓重而阴沉。有生命的伦敦眼睛刺痛,肺部郁闷,眨着眼睛,喘息着,憋得透不过气来;没有生命的伦敦是一个浑身煤臭的幽灵,上帝故意使他拿不定主意,到底是让人看见好,还是不让人看见好,结果是整个儿都模模糊糊,既看得见也看不见。①

作者描述的这些景象最终演变成大自然对人类的可怕报复:1952年,英国伦敦出现了非常严重的烟雾笼罩事件。当时,伦敦雾霾笼罩,交通瘫痪,居民生活被打乱,许多人出现了胸闷、窒息等病状,发病率、死亡率急剧增高。造成这一切的罪魁祸首是伦敦燃煤骤增。城市燃煤发电,火车燃煤运转,工厂燃煤生产,家庭燃煤取暖……煤炭成为伦敦居民生产、生活必不可少的资源,然而燃煤会产生大量的二氧化碳、一氧化碳、二氧化硫等气体,严重污染了城市环境。

数据显示,在1952年的伦敦烟雾笼罩事件中,伦敦每天的污染物排放量大得惊人。其中,烟尘有1 000吨,二氧化碳有2 000吨,氯化氢有140吨,氟化物有14吨,二氧化硫有370吨。这些污染物在城市上空"阴魂不散",最

---

① 狄更斯. 我们共同的朋友 [M]. 智量, 译. 广州: 花城出版社, 2013.

终进入人体，诱发了心脏病、肺炎、支气管炎等疾病，导致12月当月伦敦因大规模烟雾死亡的人数高达4 000人。而且烟雾消散后，灾难并没有停止，在随后的两个月时间内又有超过8 000人相继丧生。

半个世纪后，中国也遇到了相似的问题。从2005年开始，中国主要经济区相继出现了严重的雾霾天气。尤其是到了2013年，雾霾几乎席卷了大半个中国。100多个城市重度"沦陷"，平均雾霾天数创52年之最，部分地区的PM2.5[①]指数甚至突破1 000；多地机场飞机停飞，大面积航班取消或延误；中小学停止户外活动。其危害之大、影响之巨、范围之广，引起全国震惊。雾霾对我国经济和社会发展产生了重要影响，不仅限制了生产、生活，更是对国民的身体健康构成了严重危害，甚至到了人人谈霾色变的地步。

席卷我国的雾霾是由什么引发的？是燃煤烟气的排放。雾霾严重的城市，正是煤电、供热、钢铁、焦化等大型燃煤企业分布密集的城市。燃烧以煤炭为主的化石能源，造成了相当长的一段时间内中国铺天盖地的雾霾。

今天，中国的雾霾已经显著减少，但是化石能源依旧在透支我们的未来。以碳排放为例，在我国二氧化碳的排放构成中，与化石能源相关的二氧化碳排放比重超过了90%，其中煤炭消费排放的二氧化碳占到了77.3%，石油消费排放的二氧化碳占到了16.2%，天然气消费排放的二氧化碳占到了6.4%（见图2-1）。如果从行业来看，燃煤发电和依靠化石能源进行的工业生产活动的排放量占到了70%左右，建筑和交通环节因为使用化石能源其排放量占到了30%左右。放眼全球，也是如此。国际能源署（IEA）的数据显示，在2020年全球二氧化碳排放中，能源发电与供热行业的碳排放占到了43%，交通运输行业的碳排放占到了26%，两者合计占到69%。而能源发电与供热行业和交通运

---

① PM2.5是指环境空气中空气动力学当量直径小于或等于2.5微米的颗粒物。它能较长时间悬浮于空气中，其在空气中的浓度越高，就代表空气污染越严重。

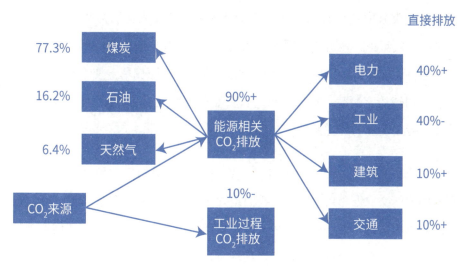

图 2-1　我国二氧化碳的排放构成

输业的背后，正是化石能源在发挥支撑作用。

所以，2021 年 8 月 9 日，联合国发布的气候分析报告指出，自 19 世纪以来，人类通过燃烧化石燃料获取能源，导致全球温度比工业化前的水平高出了 1.1 ℃。未来 20 年全球温度还将继续升高，届时将比工业化前的水平高出 1.5 ℃以上。如果继续大量使用化石燃料，在 21 世纪末升温幅度将稳定在高出工业化前 1.5 ℃的水平，实现《巴黎协定》的目标将困难重重。联合国秘书长古特雷斯因此指出，"在煤炭等化石燃料摧毁地球之前，必须要敲响它们的丧钟！"

一场新能源革命

"3060"双碳目标提出后，中国的能源消费还会快速增加，社会还要持续进步。用什么样的方式取代化石能源，把碳排放降低到约等于零，成为全社会需要研究和思考的问题，这也是全人类必须在未来 30~40 年要回答和解决的问题。

纵使人类采取各种技术手段、管理措施来降低使用化石能源产生的废气排放量，空气污染仍没有明显缓解。如果我们再继续依赖化石能源，我们每个人或许都将无法呼吸。因此，人类唯一的出路就是能源变革：使用能满足生态环境要求的清洁能源替代大部分煤炭、石油和天然气等传统能源，构建安全、清洁和可持续发展的能源系统。

人类在过去几万年的文明史中，已经经历了从动物能源到植物能源再到化石能源的两次大变革。[①] 当下，我们正处在第三次变革的过渡阶段。通过提高清洁能源的占比，推动能源系统向绿色低碳转型，既能解决碳排放问题，又能以充足的动力支持全球经济增长，使经济发展转向低碳可持续的模式。

能源变革的本质是一场新能源革命，是以太阳能、风能、水能等清洁能源替代现阶段占主导地位的化石能源。

这场变革最早是从欧洲开始的。以煤炭的使用情况为例，2016年，比利时停止使用煤炭。2020年，奥地利、瑞典关闭了国内最后一座燃煤电厂，正式结束了燃煤发电的历史。葡萄牙、英国、爱尔兰、法国、斯洛伐克和意大利等国计划在2025年之前，荷兰、芬兰、希腊、匈牙利和丹麦等国将在2030年之前终止使用煤炭。放弃使用煤炭造成的能源缺口，将全部由太阳能、风能、生物质能等可再生能源来填补。其中，冰岛已经于2015年依靠地热和水电，实现了电力系统由清洁能源完全替代。2019年，德国的可再生能源发电占比达到46%，预计到2050年将实现总发电量中可再生能源发电占比达80%以上。奥地利提出要在2030年实现可再生能源100%覆盖电力系统。而在欧盟2030年气候综合目标中，可再生能源发电的占比将在目前32%的目标占比基础上至少翻一番，达到65%以上。

---

① 动物能源即狩猎文明时代，植物能源即农耕文明时代，化石能源即现代文明时代。

欧洲众国如此激进地提出能源变革目标，离不开其社会经济的积累和能源技术的储备，这对于全球大多数国家来说很难复制。但对于中国而言，进行能源变革已刻不容缓。从能源消费与碳排放总量来看，2013年中国就已超越美国成为全球最大的能源消费国。2021年，中国的GDP在全球经济总量中的占比已经达到18%，但这背后却是占全球33%的二氧化碳排放量，单位GDP碳排放强度远超世界平均水平。据能源与环境政策研究中心估算，2020—2030年，中国能源系统累计排放的二氧化碳总量为1 160亿～1 200亿吨。所以对中国而言，进行能源革命刻不容缓。

从能源消费结构来看，2021年，中国能源消费总量为52.4亿吨标准煤，其中煤炭、石油等化石能源在能源消费中占主体地位，占比约为83.7%，而水电、核电、太阳能发电、风电等清洁能源的消费量仅占能源消费总量的约16.3%（见图2-2）。可见，在国家能源消费结构上，煤炭、石油、天然气占比依然遥遥领先。能源消费结构整体呈现"黑多绿少"。横向对比来看，美国化石能源消费占比约为80%（见图2-3），世界平均水平约为83.1%（见图2-4）。总的来说，中国化石能源和清洁能源的消费比重与世界平均水平相当。

但具体看各种化石能源会发现，中国与其他国家在煤炭、石油、天然气的消费占比上却存在很大差别。2021年，在中国83.7%的化石能源消费中，煤炭占56%，石油占18.7%，天然气占9%，在我国能源结构中，煤炭消耗量处于高位。而在美国的化石能源消费中，石油占35%，天然气占34%，煤炭只占10%。中国是煤炭大国，在已探明的能源储量中煤炭占96%。由于这样的"家底"，中国形成了以煤炭为主的化石能源消费结构。2021年，我国煤炭消费量达40.81亿吨，超过了全球其他所有国家的煤炭消耗总和。不管是回望过去还是展望未来，能源转型的时候都已经到了，我国迫切需要进行能源革命，用新能源替代传统的化石能源，打造更清洁、多元的能源消费结构。

要实现这样的转型目标，中国需要完备的转型计划和思路。在大方向上，

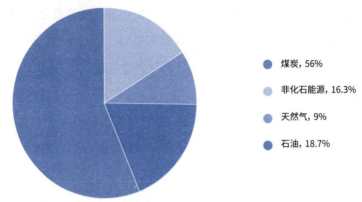

图 2-2 中国能源消费结构

资料来源:《能源发展"十三五"规划》,信达证券研发中心。

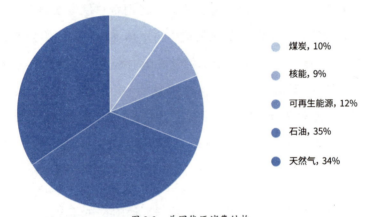

图 2-3 美国能源消费结构

资料来源:国家能源局,东吴证券研究所。

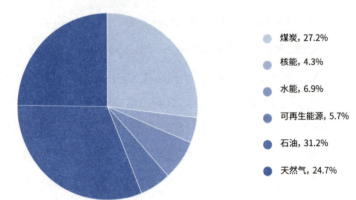

图 2-4 全球能源消费结构

资料来源:欧洲能源局,东吴证券研究所。

中国的能源战略已经从传统的"以煤为主自给，以引进油、气为重心"转向以"推动能源消费革命、优化能源结构"为主。但是，再有高度的战略，也需要具体落地执行。能源结构转型是一项漫长而庞大的系统工程。要推进能源结构向绿色转型，涉及"增量替代、存量替代、全面转型"三步走战略。

目前，可再生能源发展已经进入大范围增量替代和区域性存量替代的发展阶段，太阳能、风能等可再生能源技术和商业化模式创新正逐渐趋于多元化，支撑未来能源结构全面转型的能力正日益增强。

无论是从现实需求看还是从当前所具备的客观条件看，我们都可以宣布，中国推动能源结构转型的条件已经完全具备。2021年9月劳伦斯伯克利国家实验室[①]的研究模型显示，"中国在2040年之前将会结束所有煤炭发电，这是非常可能的。新的电力需求应由非煤炭发电来满足，所有的燃煤电厂均应在其原折旧期限结束前被替代"。而预计到2060年，清洁能源在中国能源结构中的占比将超过80%。随着中国的能源结构转型进程逐步推进，能源路径愈加清晰，中国能源结构调整目标的实现指日可待。

掌握能源供给主动权

进行能源结构调整是为了解决迫在眉睫的环境问题，实现绿色可持续发展，也有助于保障国家能源安全。

英国的崛起，伴随着英国对煤炭资源的利用。与美国的崛起相对应的是美国对石油资源的控制。历史证明，能源一直深刻地影响着世界经济变革和政治体系。一国的能源地位若发生变化，由其支撑的经济和政治格局也将随之改变。

---

① 劳伦斯伯克利国家实验室是美国的一个大型多学科研究中心，是能源部的多功能实验室之一。

首先，在经济层面，美元能够在世界货币体系中长期居于核心地位，主要原因之一就是美元和石油挂钩。1944年，44个国家的代表在美国布雷顿森林确立了以美元为中心的固定汇率机制，其核心是美元与黄金挂钩，其他货币与美元挂钩。美元的金融霸权由此确立起来。但在20世纪六七十年代，多次爆发的美元危机使得美元对黄金开始贬值，双挂钩的固定体系[①]面临瓦解。美元的霸权地位也因此受到威胁。1971年后，美国终止了美元与黄金的兑换，将美元与黄金脱钩，然后与产油大国沙特阿拉伯达成盟约，将美元与石油挂钩，并确定美元是石油的唯一定价货币和交易货币，从而重新构建起了"能源·货币"的美元霸权体系。

石油美元时代的正式开启，在政治上巩固了美国在全球的领导地位。作为现代社会经济发展非常重要的一种资源，石油的获取和使用决定着世界各国的发展潜力。美国著名外交家亨利·艾尔弗雷德·基辛格曾有言："如果你控制了石油，你就控制了所有的国家。"所以，建立在石油之上的美元霸权、军事霸权和文化霸权，共同构成了美国的霸权体系。

但是，如果全球的主要能源供应不再是石油，是否意味着美国建立起的霸权体系将走向衰落？随着世界各国对能源结构的调整，以太阳能、风能、水能等为代表的新能源的发展趋势势必会对美元所领导的世界货币体系构成威胁。假设将来新能源的使用占比达到能源使用总量的80%以上，那么人类对进口石油、天然气的依赖度将会大幅降低。长期来看，这无疑会对美元的地位构成巨大挑战。当石油开始变得不再重要时，依托石油建立起来的石油美元相关概念自然也就会失去意义，美元领导的时代或将成为过去。在这样的演进过程中，世界格局必将发生巨大改变。能源结构变革将改变世界货币体系，从而冲击美元的霸主地位。这对于全世界的国家来说，都是一次掌握能源安全主动权

---

① 美元与黄金挂钩、其他货币与美元挂钩。

的机会。尤其是对我国而言,掌握能源安全主动权已迫在眉睫。

中国经济发展长期以来就对能源有巨大需求,并且随着经济增长,能源需求将持续增长。依据2035年人均GDP达到中等发达国家水平、20世纪中叶建成富强民主文明和谐美丽的社会主义现代化强国的目标,估算得出中国2030年的GDP规模将是2020年的1.62倍,预计需要160亿吨标准油的能源供给。中国对能源的需求依然十分迫切。

但是,中国的能源禀赋极度不平衡,一直是"富煤、缺油、少气"。根据美国《油气杂志》于2021年底发布的2021年全球油气质量报告,截至2020年底,中国的石油储量仅占全世界已探明储量的1.5%。从1993年开始,中国就成为石油净进口国。2006年到2010年,石油进口量平均每年增长5 000万吨,外贸依存度超过50%,石油供给的贸易依赖成为不争的事实。之后,石油、天然气等的对外依赖程度持续增大,不断创历史新高。2021年,中国进口原油5.13亿吨,石油对外依存度为72.2%,天然气对外依存度升至46%。

能源安全直接危及国家安全。在中国进口的原油中,约80%需经过霍尔木兹海峡、马六甲海峡等交通要道,海上运输途径易受其他国家掣肘,国家能源安全、外汇储备安全因而面临较大风险。而且,石油定价权不在中国手中,易受地缘政治、外交制衡与利益博弈影响,因而我们必须承受石油价格的巨大波动,常会出现被"卡脖子"的问题。

为解决能源安全问题,我们过去做出了很多努力。对内,中国提高化石能源产量,"三桶油"①大力提升勘探开发力度,推进国内主力油田继续稳产增产。比如2020年,中石油在国内油气当量产量约为14亿桶,同比增长4.8%;可销售的天然气产量为39 938亿立方英尺,同比增长9.9%。中海油聚焦大中

---

① "三桶油"是指中石油、中石化、中海油。

型油气田发现，勘探成功率大幅提升，共获得 16 项商业发现，包括渤海海域两个亿吨级油气田、南海东部海域的惠州中型油气田、圭亚那斯塔布鲁克区块的三项新发现，证实我国探明石油储量再创历史新高，达 53.73 亿桶油当量，储量寿命连续 4 年稳定在 10 年以上，为未来的能源安全保障夯实了基础。

对外，中国积极开展国际油气贸易，与沙特阿拉伯、俄罗斯、伊拉克、巴西等产油国合作，形成了西北、东北、西南和海上四大油气进口战略通道，形成了多方位、多渠道的石油来源。中国与俄罗斯签订长期的石油供应协议，实现了"俄油东进"。中国海关总署统计数据显示，2021 年中国从俄罗斯进口石油 7 964 万吨；2022 年 5 月中国从俄罗斯进口的石油同比增加了 55%，达到创纪录的水平。俄罗斯是世界上数一数二的石油出口大国，从俄罗斯进口石油，可以降低我国对中东石油的进口依赖程度，能提高我国能源安全系数。

为保障油气能源输送，中国投入了大量精力，加大石油码头、油气输送管道等基础设施建设。比如，为保障从俄罗斯的油气进口安全，中国直接修建了年输气量达 300 亿立方米的中俄天然气管道、年输油量达 3 000 万吨的中俄原油管道。为避免原油运输经过狭窄的马六甲海峡，中国与缅甸达成合作，合资修建了中缅油气管道，打通了保障中国能源安全的关键渠道。中缅油气管道修建前，中国约五分之四的进口原油必须途经马六甲海峡，这条能源路线对中国来说存在潜在的风险。中缅油气管道建成后，不仅能让中国实现原油供应的多重安全保障，还能将缅甸丰富的天然气资源输往中国西南地区，缓解国内天然气供需紧张的问题。

但是，从国家战略安全角度考虑，以"输血"来解决"贫血"问题，比不上自主"造血"。对于未来的能源图景，未雨绸缪、提前布局是最优的选择。使用清洁能源就为我国摆脱外部能源控制、实现能源安全提供了一条捷径。

我们完全可以通过加快太阳能、风能、水能、氢能等清洁能源的发展，用 10～20 年的时间，实现可再生清洁能源替代，从而减少对化石能源的进口和使用。中国的风力发电和光伏发电能力，每年如果都集中在中国使用，可以减少相当于 1 亿吨的石油消耗量，而我国每年进口石油 5 亿多吨，也就是说 5~10 年就可以实现能源自给自足。这对国家安全是一个重要支撑。这样就能大大化解中国石油进口可能被"卡脖子"的问题，牢牢掌握能源供给主动权，逐步实现能源的安全保障和自主供应，从而为中国经济社会的高质量和安全发展保驾护航。

从当前所具备的能源转型条件来考虑，根据各个报告的数据汇总可以得出：2021 年中国陆上风电、太阳能光伏发电、水电（含抽蓄）的累计装机规模分别占全球总量的 39.1%、31.5%、29.4%。中国在清洁能源开发技术和建设规模上均具有国际竞争力。这些数据说明，目前中国已经拥有了快速发展、实现能源根本转型的总体条件。如果把清洁能源的发展动力释放出来，让清洁能源产业发展起来，中国将能构建起安全、高效的能源利用体系。

第二篇
第一主角

◆◆◆◆◆

太阳——光与热的源泉。这颗熊熊燃烧的火球高悬天空，哺育着地球上的万千物种。人类对太阳的崇拜从文明诞生之初便开始了，而今又吸引着我们向它靠近——追逐太阳，是时代的主题。

在所有清洁能源中，光伏太阳能最经济、最清洁，可谓取之不尽、用之不竭，是清洁能源的第一主角。

第三章

为什么是光伏?

能源变革意味着人类必须革新传统能源体系，建立安全、清洁和可持续的能源体系。当清洁能源消费占到未来能源消费的 80% 以上时，太阳能、风能、水能、核能、氢能以及生物质能将扮演重要的角色。但是，哪一种能源会是其中的支柱？答案无疑是太阳能。太阳能无处不在，总量巨大，人们可以以极低的成本，获取这一零排放、零污染的永续清洁能源。

光伏太阳能作为清洁能源的第一主角，已经具备了帮助人类实现能源转型的总体条件。光伏太阳能为解决人类社会的发展问题——社会经济可持续发展、应对全球气候危机，提供了一种最有效、最便捷的方式。人类找到了一条通向未来的道路，这条道路是由阳光铺就的。

清洁能源体系

在讲述太阳能的故事之前，我们有必要先对其他清洁能源进行详细的介绍。只有通过对比，我们才能对太阳能有更深刻的认识。其他清洁能源包括风能、水能、核能、生物质能和氢能五大能源。

风能

风能是指地球表面空气流动所产生的能量。公元 7 世纪时，就有人以风能为动力，发明了代替人力及畜力的机械装置——风车，为农耕生活提供简单的能源供给。19 世纪末，风能技术不断改进，人们在古代风车的基础上发明了风力发电装置，风力带动风车叶片旋转，使内部增速机的转速提高，进而带动发电机产生电能，实现从风能到电能的转换。

相对于传统的化石能源，风能在能源供给的过程中不会产生温室气体，并且风能作为自然界中的一种可再生能源，可以源源不断地为人类提供庞大的能源补充。据估算，全球风能资源的总量约为 2.74×10^9 MW，其中可利用的风能总量约为 2×10^7 MW，是目前全球能源消耗总量的 100 倍，相当于燃烧 1.08 万亿吨煤炭所释放的能量。[①] 全球风能不但储备极为丰富，而且分布广泛，几乎涉及所有的国家和地区。一般情况下，当区域内的风速达到 3 米/秒时，即人体能轻微感知到风的存在、树叶会发出一丝声响，风电系统就能运转发电。无处不在的风，为全球能源结构革命提供了一个相对公平的环境。

由于风能技术相对简单，不会因为制造材质等因素影响转换效率，因此从 20 世纪 70 年代开始，风能是新能源领域中发展最快、装机容量占比最大的能源。当时，全球石油危机爆发，人类开始着手建立风力电厂。在之后的 40 年间，风力发电的增速一直在各种新能源中保持领先。根据全球风能理事会发布的全球风电发展报告，截至 2021 年，全球风电累计装机容量达 837GW，在全球电力系统中占到 7%，预计将在 2024 年突破 1 000GW。目前，全球最大的风力发电机组是位于丹麦的"V164"：220 米高的主体，搭配三个 80 米长的叶片，一天的发电量就足以满足当地数百户家庭一个月的用电量需求。

海上风电是未来风电的重要发展方向。一方面，海上没有崎岖的地势和高耸的建筑，风能资源的能量效益比陆地高出 20%～40%；另一方面，不占

---

① 刘汉元，刘建生.重构大格局[M].北京：中国言实出版社，2017.

地的海上电站大大降低了发电的非技术成本，为低价风电的发展提供了源头上的支持。以英国、德国为代表的欧洲发达国家已经进入海上风电的规模化发展阶段。中国也紧随其后，积极开发东南沿海地区的海上风能资源，为相邻区域提供了能源支持。

以江苏盐城为例，随着 2018 年 12 月大丰 H3 风电场的建成，江苏盐城海上风电装机规模已经达到 150 万 kW，年发电量可以达到 60 亿 kW·h，等量节约了 73.8 万吨标准煤。从成本来看，风力发电是一种一劳永逸的能源系统，有了前期的一次性投入，后期维护运营的成本占总成本的比例较低。以 50MW 的风电站为例，其建设成本大约为 5 亿元，相当于每千瓦的设备成本在 1 万元左右。2020 年我国风电的指导价格，陆上风电根据地域不同分为 0.29 元、0.34 元、0.38 元和 0.47 元，海上风电则是 0.75 元，已和部分省市的火电价格持平。

但是，风能也有间歇性和不稳定性的缺点，有风与没风、风大与风小在发电功效上存在很大的差异。这导致风力发电无法根据需求增减发电，必须与其他的电力来源或储存设施一起使用，提供范围内的能源补充和替代，才能保障电力的稳定供应。同时，风力发电对电站建设的地域要求更高，且以大型电站建设为主，不适合进行分布式布置。不过，瑕不掩瑜，在未来的能源体系中，风能必然会占据一席之地。

水能

水能是指依靠水体运动所产生的，包括动能、势能在内的一种能量。从广义来说，潮汐能、波浪能、河流能、海流能等任何与水体有关的能源，都可称为水能。由于地球表面水循环的存在，水能也是一种可再生能源。水能的特点包括廉价与清洁，既可以用于发电，也能转换为机械能做功，是所有可再生能源中历史最悠久、技术最成熟、适用最广泛的一种能源。

早在 1 000 多年前，中国、埃及等文明古国就出现了水车、水磨等利用水能的农业生产工具。到 18 世纪，随着电磁感应科学的发现，英国、法国和意大利先后建成新型私人水力发电厂。进入 19 世纪，大功率的水电站开始投入运行，其中密西西比河电力公司建造的电站的装机容量达到了 112.5MW，能源传输距离长达 230 千米，体量在当时无出其右。经过近百年的发展，"世界之最"已易主，出现在中国境内：总装机容量高达 22.5GW 的三峡水电站，这是目前世界上最大的水电站。

水资源的开发利用从表面上看清洁无污染，却会对周围的生态环境产生影响。埃及阿斯旺大坝于 20 世纪 70 年代初竣工，一度是埃及人引以为傲的能源工程，不仅解决了当地雨季和旱季水资源分布不均的问题，还为国家提供了廉价的电力，使得工业发展进而实现工业化成为可能。但随着时间的推移，阿斯旺大坝对尼罗河流域生态平衡的影响逐渐显露。在上游蓄水的同时，大量富含养料的泥沙沃土也被锁在了上游，下游和沿岸土壤出现大规模盐渍化，河口三角洲的面积严重缩小；库区则沉淀了大量富含微生物的淤泥，使得藻类及浮游生物疯狂生长，水质严重恶化，依河而居的居民的健康受到损害。

这不是个例，肯尼亚的姆韦亚水电站、我国台湾的美浓水库都存在不同程度的生态破坏情况。不少环保人士和团体也因此反对兴建大型水电站。不过，纵观全球经验，几乎所有的国家都在积极开发利用水能，所以水电站在目前的能源体系中占据重要地位。国际可再生能源署 (IRENA) 报告指出，截至 2021 年底，全球可再生能源发电累计装机容量达到 3 064GW。水电占全球总装机容量的最大份额，其装机容量为 1 230GW。

核能

核能又称"原子能"，是通过核反应堆从原子核释放的能量。它主要分为核裂变、核聚变和核衰变三种形式。目前普遍应用的是核裂变，主要是获得铀元素的原子核裂变释放的能量。自1954年苏联第一座核电站奥布宁斯克核电站正式运行以来，核能的发展已有近70年的历史。2000—2020年，我国有48个反应堆投产，将反应堆总数推高到51个，并使核电在一次能源需求中的份额从0.4%上升至2.7%，在发电量中的份额从1.2%提高到5%以上。[①]

与其他能源相比，核能有数不尽的优势。首先，能量高。1千克的石油大约可以产生4kW·h的电量，而1千克的铀则可产生50 000kW·h的电量，传统化石能源根本无法与核能同台竞技。其次，核能是优质的清洁能源。原子核在裂变过程中，除了释放能量，不会产生任何烟尘或气体。在20世纪中后期，因为核能的利用，全球减少了大约60亿吨碳的排放。[②] 再次，相比靠天吃饭的风能和光能，核能发电更稳定，电厂可以根据消费端的需求调整电力供给。最后，核电作为一种特殊的能源产业，通常由国家主导推进，因此并不适宜参与市场竞争，在其成本下资源对产业的约束也不会太大，保证了核电的成本优势。

目前，核电已成为一些国家发展能源的重要选择。20世纪下半叶，有技术能力支撑的国家开始争先恐后地发展核能，其中70年代的装机容量增长量超过700%。根据世界核协会（WNA）公布的数据，截至2021年1月1日，全球存在32个核电国家，共有441台在运行的核电机组，总装机容量达392.4GW。人类仿佛通过核能看到了未来的希望。

但1986年切尔诺贝利事件打破了核能神话。8吨多的强辐射物质泄漏，产生相当于500颗二战时美国向日本投放的原子弹的核辐射强度，包括俄

---

① 资料来源：国际能源署（IEA）-中国能源体系碳中和路线图。

② 刘汉元，刘建生. 重构大格局[M]. 北京：中国言实出版社，2017.

罗斯、白俄罗斯和乌克兰在内的 6 万平方千米的土地被污染，数万人不幸遇难，更多人由于放射性物质的影响患上了癌症。切尔诺贝利事件引起了世界各国对核电的反思，公众开始反对核电，部分国家停止核电厂的建设，全球核能市场首次出现萎缩。在 20 世纪 90 年代，其增速甚至不足 5%。2011 年 3 月，地震引发的日本福岛核泄漏事故再次为人类敲响警钟。德国、瑞士、意大利先后宣布退出核电布局，法国、韩国也开始逐步减少未来核电的规划布局。

由于核裂变技术存在巨大的安全风险，人们将未来核能的应用投向了核聚变技术。

什么是核聚变？我们可以将核裂变与核聚变进行对比。核裂变是将一个原子核分裂成数个原子核，因此初始原子核一定是铀、钚等原子序数极高的元素的原子核，这种金属本身就带有很强的辐射性，裂变后的产物更是不稳定的元素核，会自发地释放出 α、β 等射线，对人、对环境都是巨大的威胁。而核聚变是将数个原子核聚在一起，原料往往是较轻的元素，比如氘和氚[①]聚变生成氦，就不会像核裂变那样产生失控的连锁反应，因此没有辐射污染。

事实上，我国已掌握了核聚变技术，氢弹就是典型的核聚变应用。但氢弹的聚变是在一瞬间将所有能量都释放出来，无法控制其发电。现在要做的是让核聚变缓慢地反应，一点一点地释放能量，用这种可控的核能技术发电。

但实现这一点在应用上十分困难，因为核聚变发电的两大难点是上亿度的点火温度和长时间稳定地约束运行。2021 年，中国"人造太阳"——全超

[①] 氘和氚是氢的同位素。氢有三种同位素：氕（H），原子核内有 1 个质子，无中子；氘（D）（又叫重氢），原子核内有 1 个质子，1 个中子；氚（T）（又叫超重氢），原子核内有 1 个质子，2 个中子。

导托卡马克核聚变实验装置（EAST）①取得重大突破，成功实现可重复的 1.2 亿度 101 秒和 1.6 亿度 20 秒等离子体运行，是原有世界纪录的 5 倍之多。这是一件激动人心的大事，代表着人类在解决能源问题上迈出了坚实的一步，进一步验证了核聚变的可行性。相比核裂变，核聚变不仅对资源的需求降低，而且能大大解决核电站的安全问题。但从 1952 年世界上第一颗氢弹爆炸，到现在已经过去了 70 年，可控核聚变技术依然处于萌芽阶段。如果要实现大规模应用，至少还需要半个世纪的探索，也许在 21 世纪末核聚变技术能够走出实验室。

生物质能

生物质能是一种以通过光合作用形成的有机体为载体的化学能量。常见的表现形式包括燃料酒精、生物柴油、生活垃圾、沼气等燃烧发电。

生物质能具有资源量大、燃烧可控、能源质量高的特点。不像化石能源需要上千年的时间腐化，木质纤维素每年都会再生 1.64×10^{11} 吨，全部燃烧释放出的能量是一年全球石油产量的 15～20 倍。② 常见的秸秆、木材可以直接燃烧发电，而玉米、小麦等粮食也可以发酵产生酒精，为特殊设备提供动力支持，如以乙醇为燃料的乙醇汽车。就连我们日常生活产生的垃圾，也能通过燃烧产生能量：有机垃圾发酵可以产生可燃性气体甲烷，无机垃圾中的纸张、塑料则可以直接燃烧产生能量。

自 20 世纪 90 年代以来，生物质能在农业发达的国家得到了广泛发展。巴

---

① 全超导托卡马克核聚变实验装置（EAST）的运行原理是在装置的真空室内加入少量氢的同位素氘或氚，通过类似变压器的原理使其产生等离子体，然后提高其密度、温度，使其发生聚变反应，在反应过程中会产生巨大的能量。

② 刘汉元，刘建生. 重构大格局 [M]. 北京：中国言实出版社，2017.

西一直着力研究以甘蔗为主要原料的生物液体路径,在 21 世纪初一跃成为生物液体燃料大国;欧洲通过政策补贴——免除生物柴油 90% 的税收以鼓励生物质能的发展;美国在 2009 年生产出 117.84 亿千克的大豆,用于生产生物质燃料。

在国家的推动下,许多石油企业也开始拓展业务范围:老牌石油企业壳牌在 2002 年开始着手生物燃料的技术研究,通过投资加拿大 Iogen 公司,探索如何从植物废料中提取乙醇,并于 2009 年率先建成全球首个生物燃料加油站;同年,英国石油公司(BP)与巴西政府合作,投资 34 亿美元于乙醇发电项目;我国大型石油企业中石化、中石油也在同期开始研究生物柴油技术。

但 2010 年以后,行业内关于生物质能的讨论声越来越小,主要原因在于获取生物质燃料需要耕种。地球的表面积为 510 亿公顷,陆地面积占地球表面积的 30%,其中约三分之一的地区纬度过高或海拔过高,导致环境寒冷无法耕种,约四分之一的地区由于水资源匮乏不适合耕种,在剩下的 40% 的土地中,还有四分之三的面积为森林、草原。因此,最终全球适合耕种的土地只有 15 亿公顷左右。而随着现代化进程的推进,未来全球人口还存在增长 50% 的可能,这意味着粮食消费至少也会增长 50%;同时,现代化的发展还将使得 10%～20% 的耕地面积用于城市化建设。粮食问题对未来的影响已成不争的事实。

在耕种空间增长极为有限的情况下,如果依然发展生物质能,势必会和农业产生利益冲突。从经济效益角度来说,同样面积的土地用于种植粮食的收益远不如用于种植生物质燃料,资本做何选择不言而喻。长此以往,会在能源问题上衍生出更多的矛盾。

另外,从能源利用效率来看,生物质能并不经济。巴西、美国等农业发达国家,在过去一段时间内将玉米用于生产工业酒精,利用燃料酒精来推动汽车前进，其能源利用效率不到30%。从发电成本来看，生物质发电项目已实现 9 000 元 /kW 的价格，但生物质电站的运营需要持续投入燃料，发电成本与燃料成本正相关。因此生物质发电的上网电价通常在 0.44 元 /kW·h 左右，高于燃煤发电。此外，秸秆、垃圾、沼气燃烧产生的温室气体并不比传统化石能源少（见表3-1），生物质能的应用只能解决能源可持续问题，面对环境问题仍显得力不从心。

表3-1 燃烧1千克柴油所产生的废气

废气成分	生物柴油（克）	化石柴油（克）
一氧化碳	0.62	0.58
碳氢化物	0.15	0.13
氮氧化物	0.52	0.52
二氧化碳	246	232

在未来的能源体系中，以垃圾焚烧发电、沼气燃烧发电、乙醇汽油为代表的生物质能会继续发展，但绝对不是主流。

氢能

氢能是氢气燃烧所产生的能量。根据制氢技术的不同，氢被划分为灰氢、蓝氢、绿氢三个等级。灰氢是指通过燃烧石油、煤炭等化石能源制成的氢气，占当前全球氢气产量的 95 %，它对绿色减排来说没有任何帮助；蓝氢是燃烧天然气产生的氢气，并在生产过程中加入碳捕获、利用与封存[①]技术，以此杜

---

① 碳捕获、利用与封存，即 carbon capture，utilization and storage（CCUS），含义为将工业生产中的二氧化碳用各种手段捕捉然后储存或者利用的过程。

绝二氧化碳的排放，因此造价高昂，是产业中最稀少的品种；绿氢则是利用可再生能源，以电解水工艺制取，是三个等级中最清洁的一种。我们这里谈论的未来氢能正是绿氢。

作为化石能源的替代品，氢能好处众多：氢气燃烧后的产物只有水，清洁无污染，可以最大限度地减少温室气体的排放；随着电解水制绿氢的技术日益成熟，氢能可以被看作一种取之不尽、用之不竭的可再生能源；氢的发热值极高，燃烧 1 千克的氢气能释放出 1.4×10^8 焦耳的热量，是同质量天然气的两倍左右，即更小的体积、更高的效率。如果可以在交通工具上普及，全球交通的碳排放将得到极大的遏制。

2019 年，氢能首次被写入《政府工作报告》，该报告提出"推进充电、加氢等设施建设"。在"双碳"目标的驱使下，氢能更是迅速跻身能源革命的热门赛道，甚至被誉为 21 世纪最具发展潜力的清洁能源。中国氢能联盟发布的《中国氢能及燃料电池产业手册》显示，预计到 2030 年和 2050 年，中国氢气需求量将分别达到 3 500 万吨和 6 000 万吨，终端能源占比分别达 5% 和 10% 以上。

实际上，全球关于氢能的热潮早就出现了。1973 年，国际氢能协会（IAHE）在美国成立，致力于推动以氢为核心的能源发展，在将市场激起千层浪后，随着石油成本的下降，便迅速消失在大众的视野中。到 21 世纪前后，全球气候问题被提上日程，氢能产业再次兴起，尤其是在交通运输体系中。德国在 1994 年率先研发出第一代氢燃料电池汽车 NECAR 1，实现了氢能汽车从 0 到 1 的突破；2008 年的北京奥运会，主办方提供氢能电池大巴用于会场范围内的人员运输；2014 年，丰田面向市场推出全球第一辆商业化的氢能汽车 Miria，为氢能汽车的大规模发展带来了可能。

但是，氢能也有不小的局限。首先，氢能是二次能源，并非一次能源，它需要通过其他能源制取。其次，氢气的质量能量密度最大，同等质量下它能释放比天然气更多的能量。但氢气的密度很小，只有空气的 1/14，即在 1 个标准大气压和 0 ℃下，密度仅为 0.089 克 / 升。这意味着在同等体积下，氢气的能量密度很小。对于汽车、轮船等交通工具，油箱体积不能太大，体积能量密度小是致命缺点。如果要增大体积能量密度，就需要增加压力，使用特制的储氢罐储存。这无疑又会增加氢气的应用成本和阻力。另外，氢是分子最小的物质，氢气相比于其他气体十分容易泄漏，使用和储存起来比其他气体更困难；特别是在相对封闭的空间内，比如地下停车场、仓库，一旦泄漏很容易发生爆炸。为了达到安全标准，加氢站需要选在远离闹市区、空旷的地方，配备特殊的安全设备，建设成本相当高。

这些限制条件都为氢能及氢能汽车的发展蒙上了阴影。从上游的制氢到中游的运氢、储氢，再到终端的氢站建设、氢能汽车应用，整个以氢为核心的能源体系面临重重困难。正因如此，特斯拉 CEO 马斯克公开向媒体保证称："燃料电池没有未来。"而氢燃料电池就是马斯克所言"燃料电池"的主要产品。

所以，虽然氢能一直是能源市场中人们关注的重点，但时至今日，除了运载火箭实现了氢燃料的大规模应用，氢能依然是一种相对边缘化的能源。最大的原因是，氢能是二次能源，并非一次能源。绿氢是用清洁能源生产的电能，再以电能转化为氢能的形式生产的。除此之外，燃料电池的催化剂存在活性低、用量大、成本高等一系列问题，也导致氢能一直无法大规模应用。但可以预见，随着新一轮碳中和的热潮，氢能将继续得到发展，作为二次甚至三次能源，将担任重要的配角。

通过比较以上五种新能源的优劣势，可以大致推测出它们在未来能源体系中的占比：风能＞水能＞氢能＞核能＞生物质能，但在实现碳中和的道路上，能够真正充当主角的能源,应该是路径最短、转换效率最高、利用相对最方便的太阳能。

清洁能源第一主角

我们对太阳能的乐观判断,有着深刻的原因。

最初,人们对太阳的认识停留在植物的光合作用,即光能到生物能的转化上。随着研究的深入,人类发现太阳能所包含的范围极其广泛,风能、水能、生物质能等,都发端于太阳。如今普遍使用的煤炭、石油和天然气等化石能源,从根本上讲也是远古时代储存下来的太阳能。所以本质上,不论是传统的化石能源,还是风能、水能、生物质能等新能源,都没有跳脱出太阳本身,只是太阳能的不同表现形式。所以,我们今日使用的所有能源本质上都是太阳能,而且我们无时无刻不浸润在太阳的能量之下。

既然太阳能无处不在,那么将分散的能量汇集起来,正是人类未来能源的主要来源之一。但我们此处所讲的太阳能,是指太阳辐射能的光电、光热和光化学的直接转化。特别是光电转化,即太阳能光伏发电,是最有前景的能源技术。

第一,光伏发电的技术原理最先进。 人类在日常生活和生产中最常使用的能源是电能。不论我们是使用化石能源还是使用风能等清洁能源,都是将其转化为电能进行应用。而太阳能光伏发电的原理相比于其他能源则更为简便快捷。化石能源需要通过燃烧,先转化为热能,然后转化为电能。风能、水能需要将风与水的动能转化为机械能,再转化为电能。而太阳能是从光子运动直接转化为电子远动,是从光到电的直接转化。这意味着光伏发电的原理最简单、先进。

第二,太阳能的总量巨大。 太阳是一个巨大的能源宝藏库。每一次太阳升起，都会以光照亮世界，让热潜入地球。这颗来自约 1.5 亿千米外的恒星，是一个由氢和氦组成，体积约为地球 130 万倍的炽热火球。其表面温度约为 5 500 ℃，中心温度更是高达 1 500 万～2 000 万 ℃。太阳通过核聚变向外释放热量，向宇宙空间发出功率为 $3.75×10^{26}$ W 的辐射，给了地球万物生长的"营养"。虽然与地球相距遥远，其辐射到地球大气层的功率仅为总辐射功率的二十二亿分之一，但辐射功率已经高达 173 000TW/ 秒，传递到地球上的能量相当于燃烧 500 万吨煤所释放的热量。据估计，地球表面每日接收的太阳能相当于 1 亿桶石油所生产的能量，地球每年接收的太阳能相当于 100 亿亿度电所生产的能量，这相当于人类每年消耗的固液气体等燃料能量的 3.5 万倍，甚至太阳只要照射地球一小时，所积蓄的能量就足以供人类消费一年。①

而且，这个巨大的火球已沸腾近 50 亿年。据物理学家预测，太阳的寿命约为 100 亿年，因此太阳还能照耀地球 50 亿年之久。如果用人的生命阶段来打比方，此时的太阳正值年富力强的"中年"。而人类的历史何其短暂，从早期猿人②至今，不过短短数百万年。面对 50 亿年的无限时间，我们当然可以把太阳能称为"永恒能源"。在这样一个巨大的能量源面前，其余能源都显得那么苍白无力，也只有光能才是真正取之不尽、用之不竭。

第三，太阳能分布广。"阳光普照"一词将太阳能的属性描述得尤为精准。阳光普照大地，人人都可以享有。从理论上讲，地球上任何一个点都能得到太阳 4 380 个小时的照射。这意味着每个人都能够享受到阳光。相比其他能源，

---

① 刘汉元, 刘建生. 重构大格局 [M]. 北京：中国言实出版社, 2017.
② 人类在成为完全形成的人之后，经历了四个发展阶段：
一是早期猿人，也称能人，出现在 300 万年前至 200 万年前；
二是晚期猿人，也称直立人，其生存年代约为 180 万年前至二三十万年前；
三是早期智人，也称古人，生活在 20 万年前至 4 万年前；
四是晚期智人，也称新人，出现在 4 万年前至今。晚期智人就是现代人类。

太阳能是最易获得、最公平的能源。

从太阳能的全球分布来看,太阳辐射强度和日照时间最佳的区域有很多,代表性区域如:印度,巴基斯坦,中东,北非,澳大利亚,新西兰,美国西南部,墨西哥,南欧,南非,南美洲东、西海岸,中国西部地区等。

在我国,各地太阳年辐射量为 3 340 ~ 8 400MJ[①]/m^2,中值为 5 852MJ/m^2。根据平均接收太阳总辐射量的多少全国可以划分为如下五类地区(见表3-2):

表3-2 我国五类地区太阳辐射量

类别	地区	日照时数(h)	太阳年辐射量(MJ/m^2)	太阳日辐射量(kW·h/m^2)	相当于多少标准煤燃烧释放的能量?(kg)
一类	宁夏北部、甘肃北部、新疆东部、青海西部和西藏西部等	3 200 ~ 3 300	6 680 ~ 8 400	5.1 ~ 6.4	225 ~ 285
二类	河北西北部、山西北部、内蒙古南部、宁夏南部、甘肃中部、青海东部、西藏东南部和新疆南部等	3 000 ~ 3 200	5 852 ~ 6 680	4.5 ~ 5.1	200 ~ 225
三类	山东、河南、河北东南部、山西南部、新疆北部、吉林、辽宁、云南、陕西北部、甘肃东南部、广东南部、福建南部、江苏北部、安徽北部、台湾西南部等	2 200 ~ 3 000	5 016 ~ 5 820	3.8 ~ 4.5	170 ~ 200
四类	湖南、湖北、广西、江西、浙江、福建北部、广东北部、陕西南部、江苏北部、安徽南部以及黑龙江、台湾东北部等	1 400 ~ 2 000	4 190 ~ 5 016	3.2 ~ 3.8	140 ~ 170

---

① 1MJ≈0.28kW·h。

续表

类别	地区	日照时数(h)	太阳年辐射量(MJ/m²)	太阳日辐射量(kW·h/m²)	相当于多少标准煤燃烧释放的能量？(kg)
五类	四川盆地、贵州横断山区	1 000～1 400	3 344～4 190	2.5～3.2	115～140

上述一、二、三类地区，全年日照时数大于 2 000 小时，是中国太阳能资源较为丰富的地区。这三类地区面积较大，占国土总面积的 2/3 以上，具有利用太阳能的良好条件。这一点就连以"分布广"著称的风能都无法媲美，更不用说石油、煤炭等传统能源了。

除了太阳能资源丰富外，作为太阳能光伏发电最重要原材料的"硅"，也十分丰富。硅是半导体工业中最重要且应用最广泛的材料，更是太阳能光伏工业的基础材料。我国硅资源丰富，青藏高原东北部、江苏东海、河南偃师、宁夏石嘴山、湖北宜昌、四川乐山及广元、云南昭通等地区都存在储量达千万吨甚至亿吨以上的巨型硅矿，同时全国各地几乎都发现了高品位（二氧化硅含量达 99% 以上）的含氧化硅矿。

第四，太阳能清洁干净且安全。 与使用煤炭、石油、天然气等化石能源造成的大量污染相比，使用太阳能不会产生任何有害气体和废渣，太阳能是最清洁、最可持续的能源。与核能相比，太阳能既不会发生爆炸，也不会泄漏致癌、产生辐射和废水，安全性极高。这些自然属性，决定了太阳能拥有巨大的发展潜力。

第五，太阳能的应用场景非常广泛。 对于太阳能光伏发电，不仅能建设集中型电站，还能通过建设分布式的小型电站，甚至在每家每户的屋顶安装电池组件进行发电。除此之外，在航天航空、交通、农业、建筑、军事、城市照明等多个领域，都可以应用太阳能光伏发电。甚至在远离人烟的沙漠、海岛，也会因为有了光伏发电而灯火通明。

这些属性，决定了太阳能光伏发电拥有巨大的发展潜力。它是当之无愧的清洁能源第一主角。

回到本书前面所展开的逻辑，除了自然禀赋外，我们还需要再强调太阳能发展的三个维度，这样有助于深刻理解在众多清洁能源中，为何光伏太阳能会成为首选。这三个维度分别是：**技术、政策和市场**。它们构筑了新能源发展的底层逻辑，即能源是否稳定可靠、成本是否足够低廉、消费者是否有足够的接受度。理解了这三个维度，我们便能对"太阳能是第一主角"这一判断有更深刻的认知。

技术维度：在介绍太阳能光伏发电之前，我们先简单介绍一下光热发电，这种发电技术也有一定的普及度。光热发电是指利用大规模阵列抛物或碟形镜面收集太阳热能，通过换热装置生产蒸汽，再结合传统汽轮发电机的技术原理，从而达到发电的目的。

在我国敦煌，有一座占地面积为7.8平方千米的百兆瓦级熔盐塔式光热发电站。它通过12 000多面反光镜，将太阳能的热量反射汇聚到熔盐集热塔上。这座高达260米的熔盐集热塔，可以通过吸收热能形成1 000 ℃的高温，然后对塔下5 800吨的熔盐进行加热。加热后的熔盐进入蒸汽系统，产生过热蒸汽，推动汽轮机发电。这座熔盐集热太阳能电站每年能够提供3.9亿 kW·h 的电量，减少35万吨的二氧化碳排放，是太阳能光热发电的典型代表。

而光伏发电是指利用太阳能电池产生的光生伏特效应来进行发电。这是全球主流的太阳能发电技术。同比各种清洁能源的技术进步，仅仅是过去十年，光伏发电就创造了诸多全球第一，可以说是清洁、可靠、成熟且领先的技术。

在光伏产业链中，不论是硅料、硅片，还是电池、电池组件，技术都已经相当成熟，且形成了规模化、低成本的产业能力。核心技术指标——光伏电池的转换效率也在以较快的速度提升，从最初的不到10%提升至现在的23%左右。在电站建设上，不论是分布式发电站还是集中式并网光伏电站，都已经实现了发电直接并入公共电网，接入高压/特高压输电系统实现低损耗的超远距离供给。对含有储能环节的光伏电站，已经能够实现光储一体化调节，通过快速控制，响应电网"削峰填谷"的电力调度需求。同时，云计算、大数据、5G等技术已经开始应用于光伏电站的智能化运营。通过数字技术实现发电预测、用电需求预测、电站监控运维等功能，电站运营效率得到了提高。在本书第七章中，我们还将对光伏产业的技术进行更加深入的讲解与分析。

政策维度：太阳能成为发展最快的可再生能源，除了得益于清洁安全和取之不尽、用之不竭的显著优势外，还与世界各国的政策支持密切相关。以中国为例，2018年5月31日，国家发展改革委、财政部、国家能源局联合发布《关于2018年光伏发电有关事项的通知》，开始逐步取消光伏电价补贴，开始以市场化的方式推动光伏发展；2019年5月30日，国家能源局发布了《关于2019年风电、光伏发电项目建设有关事项的通知》；2021年6月20日，国家能源局又下发《关于报送整县（市、区）屋顶分布式光伏开发试点方案的通知》，推动我国广大县市区建设光伏分布式发电设施。

而在欧美、日本等地，推动光伏产业发展的相关政策从20世纪90年代就密集出台了，如：美国1990年推出《清洁空气法案》修正案、1992年推出《能源政策法案》；日本1997年颁布《促进新能源利用特别措施法》；德国1991年颁布《电力入网法》，1998年推出"10万屋顶光伏计划"等。这些政策促进了光伏太阳能的发展。随着碳中和进程的加快，可以预见世界各国还将出台更多促进新能源发展的相关政策，特别是广大发展中国家将成为下一阶段光伏发展的主要阵地。

市场维度：随着技术越来越成熟、产业规模不断扩大、各国对光伏产业及其应用的政策支持力度加大，光伏发电已是到目前为止投入产出最高、节能减排最有效的方式之一。

截至2021年底，我国已形成250GW左右的光伏系统产能，每年的发电量，相当于2.9亿吨原油输出的等效能量，而消费2.9亿吨原油大约产生9亿吨碳排放，生产250GW光伏系统大约产生4 300万吨碳排放。也就是说，制造光伏系统每产生1吨碳排放，在系统发电后每年将减少20吨以上碳排放，整个生命周期减少500吨以上碳排放。

生产1千克高纯晶硅并将其制成光伏系统大约耗电100kW·h。每3千克高纯晶硅可制造1kW光伏发电系统，即生产1kW光伏系统全过程需耗电300kW·h左右。建成的1kW光伏系统每年可发电约1 500kW·h，意味着光伏制造全过程的能耗，在电站建成后的半年内即可全部收回，而光伏系统可稳定运行25年以上，整个生命周期回报的电力是投入的50倍以上，是典型的"小能源"换"大能源"产业。

反观其他能源，核聚变的推进技术进展缓慢，应用还遥遥无期；氢能属于二次能源，绿氢、蓝氢的生产、运输和使用成本较高；依靠机械能发电的水能已经相对成熟，但增长空间较小；风电站的建设更为复杂，对地域和土地面积的要求相比于可分布式布置的太阳能发电设备更高。对比下来会发现，太阳能在清洁能源"大家族"中最具发展潜力。当前，太阳能光伏发电在全球许多国家和地区已成为最经济的发电方式，拥有足够的成本优势，已具备大规模应用、逐步替代化石能源的总体条件。

总而言之，从自然条件角度看，太阳能取之不尽、用之不竭，宛若一个永远流动的黄金库；从技术、政策和市场条件看，已经具备长久维系人类社会发展的基础。太阳能是当之无愧的新能源主角。在解决全球气候危机、实现全球经济可持续发展的进程中，太阳能将带领人类告别煤炭、石油的"黑色时代"，迈向可持续发展的新时代。

第四章

光伏全球化

从技术的进步、市场的认可和政策的支持来看，光伏太阳能在清洁能源中遥遥领先。光伏太阳能究竟是如何走进我们的生活的？又是如何在清洁能源中独树一帜？它的发展又经历了怎样的坎坷与波折？

从光到电的魔术

中国的上古时代流传着一个著名的神话：传说朔北之地天气寒冷，冬季漫长，夏季虽暖但却短暂。太阳每天东升西落，山顶的积雪还未融化之时，又匆匆从西边落下去了。一位巨人想到，要是能把太阳追回来，令其永久高悬在天空，不断带给大地光和热，那该多好！于是，他迈开大步飞奔起来，一路向西追赶，转眼间就跑出好几万里。巨人一直追到日落之地"禺谷"，眼看马上就要抓住太阳了，却在最后关头干渴难忍、身心力竭，沉重地倒在了茫茫大地上。

这就是"夸父逐日"[①]的故事。夸父为了留住太阳，不惜付出了生命的代价。可见中国早期先民对太阳的渴望是多么强烈。

[①] "夸父逐日"出自《山海经·海外北经》。通常的版本认为，夸父逐日的目的是让族人获得永恒的光和热，他想要将天上的太阳摘下来，便一路追逐，最终累死。此外，还流传着另一个版本，即：夸父在被黄帝击败之后，家乡遭遇了一场旱灾，夸父的族人集体去找水源抗旱，但就连江河也都干涸了，夸父认为这是黄帝派遣的金乌在惩罚他，于是夸父打算将太阳摘下来。

第四章　光伏全球化

人类利用太阳能的时间已经长达数千年。殷商时期，中国人制造出一种名为"阳燧"的凹面铜镜，以此聚光生火。《淮南子》详细地描述道："阳燧，金也。取金盂无缘者，执日高三四丈时，以向，持燥艾承之寸余，有顷焦之，吹之则燃，得火。"[①] 这是迄今为止，人类最早使用太阳能的记录。之后，中国人又于公元前7世纪开创了太阳能建筑的先河：在建筑房屋时，遵循坐北朝南的走向，以利用阳光，让房屋冬季接收太阳的光热以保暖，夏季则利用屋顶屋檐挡住正午阳光的照射，以降低室内温度。

遥远的古希腊也记载了一则利用太阳能的故事。相传阿基米德曾在一次战争中，使用许多平面镜聚集太阳光，然后将光照在敌人的战船上，使敌人的战船燃起熊熊大火，从而帮助城邦赢得战争的胜利。

《淮南子》与阿基米德的故事都是人类早期利用太阳能的方式。随着时代不断发展，人类利用太阳能的方式也更加复杂。文艺复兴时期，达·芬奇设计了一面长达6.4千米的镜子，用以加热工厂的锅炉，虽然最后因为工程难度太大迟迟没有建设完毕，但也推动了人类利用太阳能的进程。

1837年，天文学家赫胥在去非洲好望角的探险途中，将一个黑箱埋入沙土中，再用双层玻璃将其套住，通过吸收阳光做饭。据说箱内温度竟高达100多度。这是人类首次使用太阳炉的案例。1874年，法国数学老师奥古斯丁·穆肖（Augustin Mouchot）建造了世界上第一台太阳能蒸汽机。他利用2.4米高的锥形镜面将太阳的能量聚焦至一台锅炉上。这一能量可以驱动一台0.5马力的发动机。

以上这些案例，都是将光能转化为热能。而将光能转换为电能，可以追溯到1839年。当时，法国物理学家埃德蒙·贝克勒尔（Edmond Becquerel）在一次实验中意外地发现，当光照射到浸入溶液的金属片上时，金属片两端会产

---

① 顾迁.淮南子[M].北京：中华书局，2009.

生电压。但是，他尚不能解释这一现象的原因。10年后，阿尔弗莱德·史密斯（Alfred Smith）在伦敦创造了"光伏效应"一词。"把电流置于强光之下时，电流表的指针瞬间转动了；这说明光线产生了伏打电流，我因此将其称为光伏电流。"[①]（见图4-1）"光伏太阳能"正源于此。

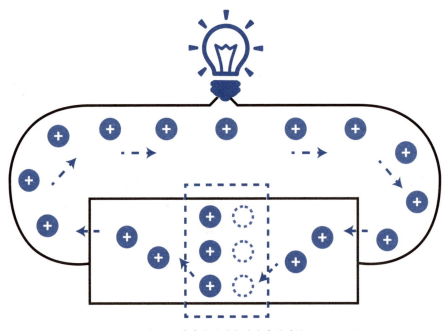

图4-1 自由电子是电流产生的关键

1879年，建造了第一台太阳能蒸汽机的穆肖，又发现了将太阳辐射转化为电能的途径：他通过反射阳光来加热焊接在一起的两种金属的结点，从而产生了电流。他利用这种电流分解出了水的组成要素——氧和氢，并且把氢储存起来作为燃料。他不仅观察到了光转化为电的现象，而且利用太阳能产生的电制出了氢气。他预言了太阳能未来可能存在的三种方式：驱动热机、

---

① 帕尔茨. 光伏的世界：全球行业领袖为您讲述光伏的故事[M]. 长沙：湖南科学技术出版社，2015.

发电和生产便携式燃料，而这正涉及现在光热、光电、电解水制氢这三大重要的新能源领域。

正当穆肖由于没有获得经济效益而选择放弃相关研究时，英国人和美国人接过了接力棒。1879 年，英国工程师威洛比·史密斯（Willoughby Smith）发现，在阳光的照射下硒的导电性将会更强。1883 年，美国发明家查尔斯·弗里茨（Charles Fritts）利用硒制造出了世界上第一块太阳能电池，并将其安装在屋顶上。弗里茨坚信这是一项具有革命意义的发明，太阳能电池一定会在人类能源中占据一席之地。

今天来看，弗里茨的判断完全是正确的。但在当时，光如何转化为电仍旧是一个未解之谜。

直到 20 世纪初，著名物理学家爱因斯坦终于揭开了"光电效应"的秘密。爱因斯坦发现，看似无形的光实际上是由无数微小的光子组成的，光子的能量使得金属或半导体内的电子脱离正常轨道，产生了可以自由移动的电子，这时在金属上接入两极，给予电子一个固定的移动方向，就会产生电流。

光转化为电的魔法终于被揭开，爱因斯坦提出的光电效应也得到了实验结果的支撑。但在随后的半个世纪中，太阳能电池的发展却长期裹足不前。究其原因，转换效率是关键。当时，硒电池的转换效率仅为 0.5%，根本不具备应用基础。提高转换效率是破题的关键。

此后，发明家、科学家都进行了无数的试验，但最终都无功而返。直到一种新材料投入应用，才最终打破了太阳能转换效率的桎梏。

这一材料就是硅。

硅广泛存在于自然界，储量丰富，其在地球表面的含量仅次于氧，占有将近 26% 的比重。不过，硅很少以硅单质的形式存在，而是以硅酸盐或氧化物的形式广泛存在于岩石和沙砾中。早在 1823 年，瑞典化学家术斯·雅格·贝齐利阿斯（Jöns Jacob Berzelius）就通过加热氟硅酸钾和钾获取了硅。但是，人们一直没有将硅与太阳能联系在一起。

直到1940年，贝尔实验室的研究人员在研究硅样品时发现，中间有裂痕的硅样品暴露在阳光下时会有电流通过。这道裂缝是偶然形成的，但它恰巧成为不同杂质的分界线，即一边呈阳性、一边呈阴性，这就形成了一个P-N结[①]，而P-N结是太阳能电池能够发电的基本原理。然而，这一偶然发现还未带来实质性突破。

1953年，贝尔实验室从事计算机研究的杰拉尔德·皮尔逊（Gerald Pearson）和卡尔文·富勒（Calvin Fuller）在一次半导体实验中发现，含有镓杂质的硅片浸在锂溶液中，吸附锂后就形成了P-N结。皮尔逊将电流计接到这个硅片上，再将其置于阳光下，结果电流计迅速往上跳。硅材料的太阳能发电原理这才真相大白。

皮尔逊立即把这一发现告诉了正在为远程通信系统寻找供能源的科学家达里尔·查宾（Daryl Chapin），劝说他放弃研究硒电池，转向研究硅电池。于是，皮尔逊、富勒和查宾三人合力研发出第一块以硅为原材料的太阳能光伏电池，转换效率达到2.3%，从而向光伏发电的实际应用迈出了重要一步。经过一年时间的改进，查宾将电池转换效率提升至6%。从此，硒成为过去式，硅登上太阳能光伏发电的历史舞台。当时，《纽约时报》评论道，硅太阳能电池"可能标志着新时代的开始，最终会实现人类最渴望的梦想之一，即将几乎无限量的太阳能应用于人类文明"。人类追逐太阳的脚步终于迈出了一大步。

---

① P-N结是由一个N型掺杂区和一个P型掺杂区紧密接触所构成，其接触界面称为冶金结界面。在一块完整的硅片上，用不同的掺杂工艺使其一边形成N型半导体，另一边形成P型半导体，我们称两种半导体交界面附近的区域为P-N结。

全球光伏接力

虽然科学家们找到了利用光伏太阳能的合适材料，但是光伏太阳能还远没有迎来快速发展期。一是因为太阳能光伏的技术成本太高，300美元1W的电池造价还不具备大范围投入使用的可能性。二是因为同一时期更具经济效益也更成熟的核电让人们忽视了光伏技术的光芒。19世纪50年代中期，美国政府宣布，每年将支付10亿美元用于核电技术的研究，而光伏技术只有每年10万美元的研发费用，仅占核电研发投入的万分之一。这导致光伏在技术研发上资金短缺，还未兴起的光伏技术便迅速跌落低谷。

但是，浩瀚的太空和无垠的大海保存着光伏发展的星星之火。1955年，人类开始向宇宙进发，人造卫星脱离地球长期运行需要能够提供无限能量的动力源。太阳能电池相比于固体燃料和核能近乎无限能源，更轻巧且便于携带，成为实现"太空漫游"的最佳选择。随着"冷战"期间美苏太空竞赛的加剧，太阳能电池的订单维持在一个基础水平，为相关企业和研究所带来了基本的研发资金。另外，1977年，吉米·卡特（Jimmy Carter）就任美国总统后，发布了一系列针对太阳能光伏的激励政策，一度确立了美国在太阳能光伏领域的主导地位。

与此同时，美国众多石油公司也纷纷开展新能源业务，如美孚石油公司、大西洋里奇菲尔德公司和阿莫科石油公司，只要是叫得上名号的石油公司，均成立了太阳能部门。其中，大西洋里奇菲尔德公司更是投资2亿美元，在1980年建起第一家年产能超过1MW的太阳能工厂；到1988年，它已经是世界上最大的太阳能生产商。

石油公司之所以热衷于投资新能源产业，一方面是因为它们关注新技术在能源领域的发展情况，想要占据新能源领域的领导地位；另一方面则更为现实，当时海上钻井平台发展迅速，光伏太阳能正好可以解决钻井平台在海上独立运行的能源需求。

20 世纪 90 年代，美国出台了更完善的鼓励太阳能发展的相关政策。1990 年，在《清洁空气法案》"太阳能和可再生能源"一章，专门为促进太阳能等可再生能源的发展制定了相关激励政策。1992 年，《能源政策法案》提出了更进一步的刺激计划：到 2010 年，可再生能源提供的能量要比 1988 年增长 75%。这些法案对可再生能源产业的发展给予了投资税减免，比如对太阳能和地热项目永久减税 10%，这对太阳能等可再生能源的发展起到了极大的促进作用。在 20 世纪 90 年代，除美国外，日本和德国也开始在光伏产业上大显身手。

作为一个能源资源小国，日本的煤炭储量严重不足，到 1990 年全国煤炭年产量也只不过 2 000 万吨，在能源供给体系中占比只有 2%；而日本海岸线上屈指可数的几座油田，产能还不足全国石油使用量的 0.2%。日本 83% 的能源供给依赖进口。因此，解决能源问题在日本国家发展中占据优先地位。

日本是推动光伏产业发展力度较大的国家。1993 年后，日本政府相继推出"新阳光工程""公共设施光伏发电实体实验计划""个人住房光伏发电监控计划"，并通过财政补贴普及光伏的应用。这些扶持和刺激计划，旨在推动学界与企业界的研究、开发和生产，从而建立本土太阳能光伏产业和太阳能市场。并且，日本政府在法律中明确鼓励提高能源效率，比如《能源政策基本法》规定："应当通过谋求能源消费的效率化和推进太阳能、风能等非化石能源的转换利用以及化石燃料的高效利用，实现在防止地球温室化和保护地球的前提下的能源供需。"此外，1997 年颁布并于 2002 年修改的《促进新能源利用特别措施法》提出，计划到 2010 年使日本可再生能源占全部能耗的 3.1%。

这些政策的出台推动了产业发展。十余年间，日本诞生了京瓷、三洋、夏普等知名企业。通过日本企业的努力，太阳能制造成本大幅降低。在 1994 年，日本居民在屋顶安装太阳能系统需要耗费 6 万美元；而到 2005 年，这一成本已经降至 2 万美元。到 2008 年，日本全国大约 50 万户住房安装了太阳能屋顶系统。

同一时期，欧洲太阳能的发展则以德国为代表。20 世纪 90 年代初，德国政府打算在 1 000 个屋顶上安装太阳能组件，开启了第一个系统性的光伏计划——"千家光伏屋顶计划"。1990年,德国颁布《电力入网法》,允许独立电力供应商生产的可再生能源电力接入电网。1991年,德国政府为在屋顶安装太阳能组件的住户提供补贴。数据显示,丰厚的补贴一度占到了安装成本的70%(其中,50%由中央政府承担,20%由各州政府承担)。这一计划很快取得了成功。到20世纪90年代中期,已有2 000个并网型太阳能设备安装在德国住户的屋顶上。

1993年,德国又将"千家光伏屋顶计划"升级,推出"10万屋顶光伏计划"。在此期间,德国住户利用政府给予的1.91%的低贷款利率补贴,实际总共安装了总容量为347.5MW的65 700个PV系统。[①] 德国的"10万屋顶光伏计划"实现了预定目标,它将德国的PV市场从1999年的12MW,推广到了2003年的130MW。[②] 1995年,德国成立了欧洲第一家太阳能股份有限公司Solon AG,一跃成为世界光伏技术最发达的国家。德国在中游的太阳能电池和组件制造环节领先世界,在20世纪末占有46%的全球市场份额。

进入21世纪后,德国再次通过立法,为发展太阳能装置提供了实质性的激励措施——保证溢价或者回购电价,这样装置所有者可以在未来20年内将太阳能装置卖给公用事业公司,这为全民应用光伏奠定了良好的物质基础。2005年,德国光伏产业新增安装容量为600MW,总安装容量为1 508MW,已安装光伏系统20万个。这时,德国的光伏电站在世界处于领先地位:在世界排名前十的容量大于1MW的电站中,有9个位于德国。2003年至2006年,德国的装机容量从4MW增加到了10MW。

德国的发展为欧洲各国做出了表率。欧洲其他国家也纷纷效仿德国,先后实施"上网电价法"。其中具有代表性的国家是西班牙。因光照条件得天独厚,加之拥有大量闲置土地,西班牙发展光伏的先天优势极强;同时,高额补

---

① PV系统是将太阳光能转化为电能的整套系统,称为太阳光电系统或光伏系统,依分类有独立型、并联型与混合型。

② 魏建明. 德国光伏产业发展概况 [J]. 太阳能, 2006(4): 55-56.

贴和全额上网的保障机制，大大刺激了风电与光伏发电装机容量的增长。

2006年，西班牙的太阳能累计装机容量仅为88MW。但2007年夏天，西班牙加大"可再生能源馈电税收返还"补贴力度，对每度电的补贴高达58美分。在这一政策的激励下，2008年西班牙太阳能累计装机容量飙升到2.3GW，一度超越德国，占到了全球市场一半的份额。若仅看2008年的新增装机容量，西班牙也表现突出，占全球新增装机容量的44%。

在德国、西班牙等国的带领下，整个欧洲光伏市场发展迅猛。就累计装机容量而言，2004年之前，日本是最大的光伏市场。2004年之后，欧洲超过日本，成为全球第一大光伏市场。数据显示，2006年与2007年，欧洲光伏市场分别占到世界光伏市场的60%和72%。2007—2008年，欧洲光伏市场迎来了持续增长，占据世界光伏市场近80%的份额。据欧盟委员会联合研究中心的报告，2009年全球新安装的太阳能光伏系统总计7.4万kW，其中欧洲就占了5.8万kW。在全球范围内，德国、西班牙、日本、美国、意大利这5个国家累计装机容量达到或超过了1GW，总和占到了全球总量的80%。

欧洲人积极推动光伏太阳能的发展有着深刻的历史原因。一是因为欧洲作为工业革命的发源地，曾经饱受环境污染之苦，所以欧洲民众对发展零污染的清洁能源态度积极；二是因为欧洲的油气资源相对匮乏，大量石油、天然气需要从俄罗斯、中东等地进口，能源安全问题是这些国家不得不考虑的重要现实。特别是1974年的石油危机给欧洲各国敲响了警钟。另外，1986年发生在苏联的切尔诺贝利事件，深深震动了欧洲人民，他们强烈反对核能扩建，而发展清洁、安全的太阳能成为他们的首选。

从20世纪中叶到21世纪初，美国、日本、欧洲不断进行接力跑，积极推动光伏产业的发展，让光伏应用走进了千家万户。也正是这段时间，光伏太阳能的风从欧洲吹到了中国，一部中国光伏的超越史诗拉开帷幕。

第五章

中国探索

中国光伏产业的发展跌宕起伏,从早期的科研探索到21世纪初的创业浪潮,从历经高潮到经历挫折,再从触底反弹到奋发超越,短短几年时间内中国成为当前继美国、德国之后的领跑者和主力军。在中国制造的推动下,中国的光伏发展已经达到临界点附近——平价上网指日可待,光伏革命的大发展时代即将来临。目前,中国对光伏的探索走在了全球前列。

"三头在外"的镀金时代

1971年3月3日,"长征一号"运载火箭成功发射了第二颗卫星,即"实践号"。这颗卫星首次采用了单晶硅太阳电池。卫星星体直径为1米,是一个近似球体的72面体,上、下半球梯形平面上各安装了14片单晶硅太阳电池组件,每片组件由60片太阳电池组成[1]。这是我国第一次对光伏太阳能的实际应用。此后,光伏太阳能逐步在我国的航标灯、铁路信号系统等特殊地面设施中使用,为远离能源输送线路的设备和地区提供能源;但受产业发展状况影响,其使用范围一直较窄,使用量也不大。

直至21世纪,中国光伏产业才进入高速发展阶段。2000年,长期从事太

---

[1] 沈辉. 我心中的太阳:太阳文化与太阳能技术漫谈[M]. 北京:科学出版社,2020.

阳能研究的施正荣博士从澳大利亚回到国内，想要把在欧美发展得如火如荼的太阳能推广到中国市场。他在无锡市政府的支持下创办了第一家民营太阳能电池制造公司——无锡尚德太阳能电力有限公司（以下简称"尚德电力"）。2002年，尚德电力第一条10MW的太阳能电池生产线投产，产能相当于此前4年中国太阳能电池产量的总和。施正荣博士成为中国光伏领域的先驱者。不到5年时间，尚德电力就在美国纽交所挂牌上市，成为中国光伏产业第一股。尚德电力的上市，点燃了光伏产业的创业激情，而且也让各地政府看到了光伏产业的前景，纷纷支持光伏产业发展。2005年，苏州柳新集团董事长彭小峰创立江西赛维LDK太阳能高科技有限公司，2年时间就成为当时中国企业在美国完成的最大规模的IPO。随后，天合光能、隆基股份、英利绿色能源、晶科能源等先后进入光伏产业，中国光伏产业迎来百花齐放的时代。

中国光伏产业能够在这一时期快速兴起，有两大原因：其一，2005年我国出台了《中华人民共和国可再生能源法》[①]，鼓励和支持可再生能源并网发电，其中关于太阳能的相关条款写道："国家鼓励单位和个人安装和使用太阳能热水系统、太阳能供热采暖和制冷系统、太阳能光伏发电系统等太阳能利用系统。"该法促进了可再生能源的发展，为光伏产业发展创造了条件。其二，则是源于全球光伏产业的同频共振。正如我们在前文讲述的，欧洲、美国和日本等发达国家和地区，对光伏发电装机执行了力度空前的补贴政策，提升了全球光伏组件的需求量，中国光伏产业则成为承接国外需求的最大赢家。

中国企业借助本土的劳动力优势，降低了光伏组件的制造成本，产品迅速在发达国家打开市场。2005年，中国光伏产业在全球太阳能产业中的表现不过尔尔，产量只占全球太阳能市场总产量的11%。但从2005开始一直到

---

① 该法由中华人民共和国第十届全国人民代表大会常务委员会第十四次会议于2005年2月28日通过，自2006年1月1日起施行，2009年12月26日修改通过。

2009年，中国太阳能电池组件的出口比例每年都超过90%，多晶硅、硅片、太阳能电池片和组件的产能分别占全球总产能的25%、65%、51%和61%，太阳能电池的产量同比增长高达62.7%。[①]其风起云涌般的发展速度，与当时的互联网和房地产两大行业相比，毫不逊色。

但"成也萧何，败也萧何"，当时的光伏产业产能其实已经严重过剩，过度依赖海外市场更是为产业泡沫破灭埋下了伏笔。光伏产业在当时的确金光闪闪，但这不是黄金时代，而仅仅是镀金时代——光鲜的表面之下已经危机四伏。

泡沫破灭的速度比所有人想象的都快。

2007年美国次贷危机爆发，从最开始的房地产市场迅速蔓延到信贷市场，进而演变为一场全球性的金融危机。欧美各国产业凋敝、企业破产、工人失业。政府对光伏产业的补贴也随之暂停。就以西班牙为例，2009年，西班牙政府改变了对光伏产业的补贴政策，当地的光伏太阳能相关产业一落千丈，企业纷纷破产重组。其他国家也是如此。

国外光伏产业的波动很快传到国内，海外市场需求骤降，戳破了国内产业投资过热引发的泡沫，连锁反应迅速发酵。2008年金融危机之前，国际市场上多晶硅的价格一度冲到了500美元/千克。在产业火热的当时，国内许多光伏企业以此高价与海外供应商签订了长期协议。然而到2009年，多晶硅价格暴跌。不到一年的时间里，其价格跌至40美元/千克，甚至在较短时间里跌破30美元/千克，不少光伏企业被高价长单协议锁定，陷入巨亏的泥淖而无法自拔，纷纷宣布停产、破产。

当时，国家为挽救光伏产业出台了诸如开展特许权招标、太阳能光伏建

---

① 宋亚芬. 光伏产业亟待解决"三头在外"[N]. 国际金融报, 2010-10-14.

筑示范项目、金太阳示范工程等产业政策，并配套财政激励手段，以扩大国内光伏终端市场。但"一波未平，一波又起"，就在国内企业获得了一丝喘息的机会时，2011年，美国率先展开了对我国光伏产业的反倾销、反补贴调查（时称"双反调查"），随后美国对我国光伏企业征收高达249.96%的反倾销税，这无疑给了我国光伏产业一记重拳。受美国影响，2012年9月，欧盟也启动针对中国输欧光伏产品的"双反调查"。2013年，欧盟委员会宣布将从6月6日至8月6日对中国光伏产品征收11.8%的临时反倾销税。

中国光伏企业惨遭重击。2011年，中国光伏产品太阳能电池的出口额达到226.75亿美元。2012年，这一数据下降至127亿美元，近乎腰斩。此外，2012年一季度，在境外上市的光伏企业，如江西赛维、尚德电力、晶科能源、晶澳太阳能、天合光能、大全新能源、阿斯特太阳能、英利绿色能源、昱辉光能、韩华新能源等全部亏损。其中，江西赛维亏损1.85亿美元，尚德电力亏损1.33亿美元，晶科能源亏损5 660万美元。[1] 以上10家光伏企业仅一个季度就亏损了6.12亿美元。截至2013年，全球光伏上市企业的市值蒸发了99%，产业链上破产的中国企业超过350家。

从太平盛世到一地鸡毛，不过短短4年时间。中国光伏产业为何在转瞬之间大败亡？此后几年，中国产业界一直在深刻反思：除去外部不可控的因素外，光伏产业究竟何以如此脆弱？

原因就是"三头在外"。"三头在外"即市场、原材料和核心技术都在国外，这决定了中国光伏产业虽然企业、工厂在中国，但实际上只是欧美光伏产业的附庸。

市场在外的问题非常显著。在2005—2009年的5年时间里，我国太阳能

---

[1] 光伏全行业深陷资金链危局 现金流锐减百亿 [N]. 经济参考报，2012-07-20.

光伏产品的出口额增长超过了 10 倍。其中，2009 年的出口额超过 150 亿美元，出口占九成以上。[①] 在这期间，我国创下了诸如 2006—2010 年光伏太阳能电池产量连续 5 年每年增长 100%、2007—2010 年光伏太阳能电池产量连续 4 年位居全球第一、2009—2010 年在全球太阳能电池市场的份额从 15.4% 增至 47.8%[②] 等成绩。但是，这些成绩的"阅卷人"都在国外；在国内民用和光伏电站应用方面，几乎为零。这意味着，一旦国外市场出现风吹草动，国内企业就会举步维艰。

原料在外压缩了国内企业的利润空间，这一点主要体现在硅料上。从 2003 年起，在国际市场上太阳级硅料有两个供应来源：其一，半导体工业的太阳级硅料；其二，太阳级硅料的专业化生产。由于我国半导体工业的电子级（EG）多晶硅生产能力小，同时由单晶硅拉制的 EG 多晶硅多数从国外进口，并不能直接向 PV 工业提供[③]，因此，我国太阳级单晶硅拉制和多晶硅铸锭所用的硅料都源于进口。以 2010 年为例，占当时中国太阳能光伏产品比重 80％以上的晶体硅产品，90％以上的主要原料产自国外。原料环节的缺失让中国光伏产业的发展处处受制于人。

技术在外则体现在生产环节上。光伏是高科技产业，但中国企业尚未掌握科技含量高的核心技术，大部分企业的主要业务是光伏组件的生产加工，这是一个劳动密集型生产环节，技术含量并不高。也正是由于技术门槛低，所以中国才会在短时间内投资过热，诞生如此多的光伏企业。核心技术缺失的另一个表现是核心制造设备国产化率低。诸如晶硅电池全自动丝网印刷机和自动测

---

① 中国光伏产业三头在外会否重演产业链悲剧 [EB/OL].（2010-10-13）.https://finance.huanqiu.com/article/9CaKrnJoTrU.

② 2010 年中国太阳电池出口分析 [EB/OL].（2011-10-09）.http://guangfu.bjx.com.cn/news/20111009/314677.shtml.

③ 赵玉文. 中国光伏产业的问题和对策 [J]. 可再生能源,2004(2):5-8.

试分拣机等高端关键技术设备全部依赖进口。

没有核心竞争力的产业很难健康地发展下去,所以光伏产业从盛世到泥淖不过转瞬之间。但变局之中藏有新局。面对寒风萧瑟的国际市场,中国光伏企业开始转向"国内大循环",一部触底反弹的超越史诗正在上演。

走向世界第一

2013 年,为拯救危在旦夕的光伏产业,《国务院关于促进光伏产业健康发展的若干意见》出台,该文件的核心意见有三点:其一,积极开拓国内市场,鼓励分布式光伏发展;其二,推动企业兼并重组,提高技术和装备水平;其三,制定光伏电站分区域上网标杆电价,通过招标等竞争方式发布价格和补贴标准。

这一文件的出台意味着我国光伏产业进入了以国内市场为主的度电补贴时代。这给我国光伏产业打了一剂强心针,岌岌可危的光伏企业有了一线希望。

随后,光伏产业迎来了一轮重要的产业结构调整,不少停产、破产的企业和资产被兼并重组,上下游产业链逐渐完善。一条立足于国内市场,从上游硅料到中游组件再到下游电站的完整产业链被建立起来。中国开始摆脱原来"三头在外"的发展模式。

这一阶段持续了两年。两年时间的调整,让中国光伏产业基本恢复了元气。2015 年,中国多晶硅的产量为 16.5 万吨,占全球总产量 34 万吨的 48.5%;硅片的产量为 48GW,占全球总产量 60.3GW 的 79.6%;电池的产量为 41GW,占全球总产量 65.5GW 的 62.6%;电池组件的产量达到 45.8GW,占全球总产量 60.2GW 的 76.1%。[①]2016 年,中国终于实现国产多晶硅超过一

---

① 中国光伏产业十年发展历程回顾 [EB/OL].(2016-04-29).https://news.solarbe.com/201604/29/169930_2.html.

半、进口多晶硅首次低于50%的历史转变。一组组数据表明，调整后的中国光伏产业已经超越了2009年前的发展水平。

而且这一次不只是量的扩大，也是质的提高。光伏产业界的同人们致力于用技术创新来挖出深深的"护城河"。如在产业上游的硅料环节，通威集团旗下的永祥股份通过四次技术改革，在2010-2015年期间，把硅料的生产成本从每吨28万元降至每吨12万元，为光伏产业的快速发展奠定了成本优势。在硅片环节，隆基股份为了降低将单晶切割成小片的成本，提升切割效率，反复研究后选择用电镀金刚线。最终，单晶硅片的成本大幅下降近20%，综合成本下降30%。在组件环节，2009年以来，由于硅片的尺寸不断加大，多主栅（MBB）组件持续发力，双片、半片、叠片等技术层出不穷，单位面积输出功率在得到提升的同时，折算到单瓦组件的生产成本也在不断降低。国际可再生能源机构（IRENA）竞拍和购电协议（PPA）的数据显示，2009 — 2019年，全球光伏组件的成本下降了超过90%。

截至2020年末，中国75家光伏企业合计拥有29 062项授权专利，同比增长约26.3%。其中6家企业拥有的授权专利数量在1 000项以上，53家光伏企业拥有的授权专利数量在100项以上。[①] 另据前瞻产业研究院统计，截至2021年10月，全球光伏发电第一大技术来源国为中国，中国光伏发电专利申请量占全球光伏发电专利总申请量的75.88%，份额远超排在第二的美国（7.82%）。

在装备突破方面，中国光伏设备制造商通过自身努力树立了中国制造的标杆，改变了中国光伏产业10年前进口设备占比达90%的局面，迈入了国产设备占比接近100%的新阶段，不仅赢得了德、日、韩、美等全球设备制造商

---

① 资料来源：黑鹰光伏。

的敬畏，更走在了全球智能制造设备的最前沿。通威集团作为中国光伏产业的代表性企业之一，在2010年以前，其电池片生产环节90%以上的设备来自进口。到今天，通威集团工厂内的国产设备替代率已接近100%，而且其成本不到进口设备的三分之一。这些设备厂商以可靠的产品性能、及时灵活的服务，击败了绝大部分国外竞争对手。

产业阵痛之后，欧美联手发起的"双反"非但没有遏制住中国光伏产业的崛起，反而锻造出了一支更强大的中国光伏军队。另外，令人意想不到的是，由于缺少物美价廉的中国产品，欧盟的低碳化、清洁化转型进程受到影响，能源变革的速度大打折扣。因此，欧盟在2018年9月3日取消了对中国光伏产品的"双反"。凭借着"质优价优"的产品和服务，中国光伏产业重新进入欧洲市场，这给中国光伏产业进一步拓展国际市场提供了很大的底气和支撑。

经过各大企业的不懈努力，市场、原料和核心技术已经完全由我们自己掌控。中国光伏的制造能力、发电装机容量、发电量牢牢占据世界第一的地位。三组数据就能直观证明：

首先，中国光伏的制造能力世界第一。在制造端，我国已形成了完整的光伏产业链，全球70%以上的光伏产品都是中国制造。2020年，中国的高纯晶硅、硅片、电池片、组件在全球的产能占比分别为76%、97%、82.5%和76%。2021年各环节的产量继续稳步提升：多晶硅的产量为50.5万吨，同比增长27.5%；硅片的产量为227GW，同比增长40.6%；电池片的产量为198GW，同比增长46.9%；组件的产量为182GW，同比增长46.1%。2021年光伏产品的出口额更达到了284.3亿美元。

在2021年全球光伏组件制造排前十的企业中，中国占据七席，分别是隆基股份、天合光能、晶澳太阳能、晶科能源、东方日升、尚德电力、正泰新能源（见表5-1）。

表 5-1　2021 年全球光伏组件制造排前十的企业

排名	公司名称	国别
1	隆基股份	中国
2	天合光能	中国
3	晶澳太阳能	中国
4	晶科能源	中国
5	Canadian Solar	加拿大
6	东方日升	中国
7	First Solar	美国
8	尚德电力	中国
9	韩华集团	韩国
10	正泰新能源	中国

资料来源：光伏媒体 PV-Tech 发布的《2021 年全球组件供应商 top10》。

在 2020 年全球多晶硅产量排前十的企业中，中国占据七席，分别是通威永祥、大全新能源、保利协鑫、新特能源、东方希望、亚洲硅业、内蒙古东立光伏电子（见表 5-2）。

表 5-2　2021 年全球多晶硅产量排前十的企业

排名	公司名称	国别
1	通威永祥	中国
2	瓦克	德国/美国
3	大全新能源	中国
4	保利协鑫	中国
5	新特能源	中国
6	东方希望	中国
7	韩国 OCI	韩国
8	亚洲硅业	中国
9	美国 Hemlock	美国
10	内蒙古东立光伏电子	中国

资料来源：德国研究公司 Bernreuter Research。

其次，中国光伏发电装机容量世界第一。截至2021年底，全国光伏发电累计装机容量约307.76GW，累计装机规模连续7年居全球首位。2021年，光伏发电新增装机容量为54.88GW，连续9年居全球首位（见图5-1）。

图5-1　2013—2021年中国光伏发电累计装机容量和增长率

最后，中国光伏发电量世界第一。早在2015年，我国光伏发电总导入量就位居世界第一。截至2021年底，我国光伏发电量为3 259亿kW·h。

这一切发展成果与国家推动密不可分。2020年初新冠肺炎疫情导致国内停工停产，第一季度，为促进复工复产，国家能源局出台《关于2020年风电、光伏发电项目建设有关事项的通知》，着力推动平价上网项目，明确2020年在竞价项目10亿元的预算补贴外，为新增户用光伏提供5亿元补贴，给户用光伏带来了新的发展机遇。

随着我国做出实现"双碳"目标的承诺，接连出台的有关政策将我国光伏事业推向了发展的高潮。2020年10月29日通过的《中共中央关于制定国民经济和社会发展第十四个五年规划和二〇三五年远景目标的建议》明确指出：降低碳排放强度，支持有条件的地方率先达到碳排放峰值，制定2030年前碳排放达峰行动方案。2020年12月12日，习近平主席宣布，到2030年风电、太阳能发电总装机容量将达到 12 亿千瓦以上。超越现有规模 3 倍以上的目标，充分展现了中国积极应对气候变化的力度与决心。

2021 年 2 月 22 日，国务院发布《关于加快建立健全绿色低碳循环发展经济体系的指导意见》，指出要提升可再生能源的利用比例，推动能源体系绿色低碳转型。2021 年 2 月 24 日，国家五部委联合发布《关于引导加大金融支持力度促进风电和光伏发电等行业健康有序发展的通知》，在金融方面提出九大措施助力光伏行业的有序发展。2021 年 3 月 17 日，国家能源局针对能源消纳问题，印发《清洁能源消纳情况综合监管工作方案》，从监管角度落实清洁能源消纳责任权重。2021 年 5 月 18 日，国家发展改革委发布《关于"十四五"时期深化价格机制改革行动方案的通知》，进一步推动光伏发电的平价上网。

2021 年 10 月 8 日—25 日，国务院、国家能源委员会、国家发展改革委、国家能源局接连释放七大重磅政策，支持以光伏为代表的新能源产业。2021 年 10 月 30 日，在二十国集团领导人第十六次峰会上，习近平主席指出：我国已淘汰 120GW 煤电落后产能，首批 100GW 大型风电、光伏基地项目有序开工建设。这是中国在碳中和道路上迈出的第一步。在未来的 40 年里，中国将破而后立，以能源转型为途径，长期持续推进"双碳"目标的实现。

从"三头在外"到世界第一，经过 20 多年的跌宕起伏，中国光伏产业已经从野蛮生长的岁月，走到了引领全球发展的时刻。从落后到追赶再到超越领先，中国光伏产业书写了中国制造的壮丽篇章。

平价时代来临

中国光伏产业从"三头在外"到世界第一，让中国乃至全球光伏产业发展加速、光伏电力成本急速下降。人类利用太阳能发电迎来了平价时代。

2019 年 9 月 25 日，坐落在北京大兴区和河北廊坊市广阳区之间的北京大兴国际机场正式通航。这座机场占地 4.05 万亩，共有 4 条跑道、200 多个机位，预计每年客流吞吐量将达到1亿人次。如此巨大的交通枢纽,耗电量也是相当巨大的。该机场广泛运用了光伏发电,在停车楼屋顶、货运区屋顶、公务机库、能源中心等地方建设了大量的光伏发电设施。其中,由2万余块光伏薄膜组件构成的停车楼屋顶已顺利投入使用,年均发电量可达300万kW·h以上。在未来建设计划中,预计机场光伏系统总装机容量将达48MW,届时将与其他清洁能源一起服务机场的绿色运营。

从大兴国际机场出发,一路向西。在库布齐沙漠便能看到目前世界上规模和产量最大的光伏项目。这里原本是一望无际的荒漠,但现在却覆盖了不少光伏组件。库布齐沙漠光伏电站的占地面积约为10万亩,包括周边荒沙修复整治区2.2万亩和光伏发电核心区7.8万亩,总装机容量达2GW,年均减少二氧化碳排放341.26万吨,预计将于2023年底前实现全容量并网发电。光伏发电站密集的光伏板遮住了强烈的太阳光,减少了地面水汽蒸发,原本光秃秃的沙地上竟长出了青葱的绿草。沙漠中的光伏电站不仅能生产清洁能源,而且成为治沙手段之一。离开沙漠,我们再向西南航行,位于青藏高原上的龙羊峡水光互补电站格外引人注目,这是目前全球最大的"水光互补"项目。850MW的光伏装机容量,搭配水力发电,可以为我国东部地区持续输送更为优质、安全、稳定的清洁能源。虽然东部地区人口密集,土地资源紧张,很难看到连成片的大型光伏电站,但在鱼塘密布的水域、农村屋顶、高速公路旁,我们却能欣喜地看到许多小型和微型光伏系统。这些分布式光伏电站为城市的绿色发展提供了支撑。

据统计,从2021年初至2021年8月初,我国已有153个涉及光伏的新能源项目完成签约,签约项目的总规模超过193GW,投资总额超过6 570.65亿元,其中有明确光伏规模的光伏项目在81GW以上。[1] 25个省份上报了整县分

---

[1] 新能源"跑马圈地"加速:超193GW项目签订[EB/OL].(2021-08-10).https://baijiahao.baidu.com/s?id=1707665886696823507&wfr=spider&for=pc.

布式光伏开发试点，试点县高达500个，开发规模超200GW。① 不论是连绵不断的大型光伏电站，还是星星之火般的分布式光伏发电设施，都是中国光伏产业崛起后光伏电站建设的新景观。它们遍布城市乡村、荒漠山脉，为消费者供应源源不断的清洁能源。

而且更为重要的是，光伏太阳能生产的清洁电力已经能以低于煤电的价格并入电网中。光伏发电平价上网的进程，已在提速。

20世纪70年代，第一代光伏电池——铝背场（Al-BSF）诞生。1971年，夏普实现了铝背场电池的商业化，但其价格高昂，单瓦售价高达数百美元，从当时的消费水平来看，这几乎是一个天文数字。中国在20世纪五六十年代开始研究光伏发电技术。当时，这一技术主要应用于尖端领域航空航天，但发电成本也居高不下。1977年，太阳能发电成本为200元/kW·h。哪怕到了20世纪80年代，我国光伏产业开始起步，太阳能电池的发电成本仍需要40～45元/kW·h，远超当时仅为一两角钱的火电成本。进入21世纪，随着光伏发电技术的调整，光伏发电成本一直在下降，但降幅较小，所以光伏发电一直没有上网。直到2008年，光伏发电才正式上网，但售价仍高达4元/kW·h，还远没有达到平价的程度。2012年，国际硅料的价格从每千克500美元下跌至每千克30美元以下，从而从源头上降低了光伏发电成本。2015年左右，铝背场电池发展到第二代——钝化发射极和背表面，也就是光伏产业内常说的PERC技术。该技术进一步提高了转换效率，降低了成本，促使光伏发电规模不断扩大。

技术进步并不是成本降低的唯一原因。光伏发电成本从21世纪初到现在已经下降了90%以上，从每千瓦3万～5万元降到每千瓦2 000～3 000千元，如此大的降幅是整条产业链共同努力的结果。

---

① "整县分布式光伏"风暴：25省区市、50余家企业加入开发大军！[EB/OL].(2021-09-11). https://baijiahao.baidu.com/s?id=1710561254128048677&wfr=spider&for=pc.

从产业端的生产成本来看,在硅料环节,与 2010 年相比,2019 年多晶硅从每吨 30 万元降至每吨不到 4 万元;在硅片环节,与 2010 年相比,2019 年硅片从每片 100 元左右降到每片 3 元左右;与 2010 年相比,2019 年光伏组件从每瓦 30 多元降到每瓦 1.7 元左右。2021 年,光伏发电平均上网电价已降至 0.3 元/kW·h 以内,零补贴的平价上网已形成良性循环。随着规模效应进一步提升,预计"十四五"期间光伏发电成本将降低到 0.25 元/kW·h 以下。目前,全国煤电价格的平均值在 0.36 元/kW·h 左右,按照上浮不超过 10%、下浮不超过 15% 的原则,未来全国煤电价格将在 0.306 元/kW·h 到 0.396 元/kW·h 之间浮动,届时光伏发电成本将低于绝大部分煤电。这意味着,经过长达十年的降成本之路,光伏产业链的终端度电成本终于可以与火电等传统发电方式直接竞争了。

就全球范围而言,光伏发电在许多国家和地区已成为最经济的发电方式。2017 年 10 月,沙特阿拉伯报出 1.79 美分/kW·h 的 25 年长期合同电价,创造了当时光伏发电价格的最低纪录。2019 年,巴西、阿拉伯联合酋长国、葡萄牙又相继报出 1.75 美分/kW·h、1.69 美分/kW·h、1.64 美分/kW·h 的中标电价。2020 年 1 月,卡塔尔报出 1.57 美分/kW·h 的价格,约合人民币 0.11 元/kW·h。2021 年上半年,沙特阿拉伯光伏项目的中标价低至 1.04 美分/kW·h(折合人民币 0.067 元/kW·h),我国甘孜州光伏项目的中标价为 0.1476 元/kW·h,这两项数据分别刷新了国外与国内光伏发电上网电价的最低纪录。

光伏发电的价格优势不仅仅体现在发电成本上。彭博社新能源财经(BNEF)最新的研究表明,对于大部分国家而言,建设并运营太阳能发电厂的成本已经比运营传统的火力发电厂要低。中国一家太阳能电站的运营成本是 34 美元/MW·h,比燃煤电站低 1 美元。同为能源消费大国的印度亦是如此,25 美元/MW·h 的光伏电站运营成本以 1 美元的微弱优势战胜了 26 美元/MW·h 的燃煤电站。德国新旧能源运营成本的对比更加明显,其运营煤电厂和燃气电厂的平均成本为85美元/MW·h，而大型太阳能电站的平均运营成本只有50美元/MW·h。①

如果我们再把目光放远，从新旧能源的全生命周期来看，以煤电为代表的火力发电厂的完整成本远远高于光电成本。燃煤火电厂在发电的全过程（从煤炭开采、运输到电厂发电）都会对整个生态环境造成显著的影响，但是环境附加成本却从来没有计入电价，这对社会和消费者形成了严重误导：以为燃煤发电依然很便宜，还可大力发展。但实际上恰恰相反，燃煤发电仅排放的污染物就包括氮氧化物、二氧化碳、二氧化硫、粉尘颗粒物等，要治理污染物需要花费大量成本。2014年，天津大学的相关学者对当时的燃煤发电的完整成本进行了测算，证明燃煤发电的完整成本比风电的完整成本高出79.35%。②而光伏太阳能发电的完整成本与风电相当。由此可见，燃煤发电的整体效益已经远远低于光伏太阳能发电的整体效益。

10年前，每1kW的光伏发电设备和系统成本为3万～5万元。随着产业规模的不断扩大、技术迭代的不断加快、智能制造的迅速推广，光伏发电成本下降了90%以上。未来三五年，1kW的光伏发电成本还有可能降到2 000元、1 000元，甚至更低。成本低廉、清洁无污染的光伏发电正在被越来越多的国家及其居民接受，它的应用正在全球迅速扩散。

越来越多的光伏电站拔地而起，越来越便宜的光电并入电网。而我国为了积极推动平价上网，也陆续出台了不少行业政策。2021年4月26日，国家发展改革委、国家能源局下发《关于进一步做好电力现货市场建设试点工作的通知》，鼓励新能源项目与电网企业、用户、售电公司通过签订长周期（如20

---

① 打造新太阳能电厂更便宜，燃煤电厂竞争力降恐提早退休[EB/OL].(2021-06-30).https://news.solarbe.com/202106/30/340844.html.

② 徐蔚莉,李亚楠,王华君.燃煤火电与风电完全成本比较分析[J].风能,2014(6)：5.

年及以上）差价合约参与电力市场交易；引导新能源项目 10% 的预计当期电量通过市场化交易竞争上网，市场化交易部分可不计入全生命周期保障收购小时数；尽快研究建立绿色电力交易市场，推动绿色电力交易。2021 年 5 月 11 日，国家能源局又下发《关于 2021 年风电、光伏发电开发建设有关事项的通知》，提出 2021 年全国风力、光伏的发电量占全社会用电量的比重达到 11% 左右，后续逐年提高，确保 2025 年非化石能源消费占一次能源消费的比重达到 20% 左右；同时建立保障性并网、市场化并网等多元保障机制，2021 年风光保障性并网规模不低于 9 000 万 kW。

有了强大的技术与制造能力、足够低廉的成本和积极的产业政策后，那么到 2060 年，中国社会到底会有多少光伏？中国作为世界上人口最多、经济总量居全球第二的国家，以及世界第一的能源生产国与消费国，到 2060 年实现碳中和时，整个能源体系中的光伏占比应该有多大？人均光伏装机容量是多少？回答这些问题不仅为我国实现碳中和树立了方向、确定了目标，而且影响着光伏产业的发展，因为它决定了清洁能源究竟将给我们的社会带来多大的影响。

《能源生产和消费革命战略（2016—2030）》提出，到 2050 年非化石能源在国家能源体系中占比将超过一半。但业内诸多意见领袖都认为这个目标还是过于保守，因为光伏产业的发展是以指数形式增长的。首先，碳排放将加重温室效应这一点毋庸置疑，而温室效应的结果是气温上升、降雨量增加，这两个因素对气候的影响是乘法叠加，这意味着未来极端天气的出现频率会以非线性的趋势高速增大。为应对气候危机，我们需要同步升级能源结构。其次，以光伏为代表的新能源技术同样适用摩尔定律。在经过前期铺垫之后，未来的技术路径也将呈现指数级发展。根据英国石油公司发布的《世界能源统计年鉴 2020》，可再生能源的消费量在过去十年中的年均增长率达到 13.7%，是全球唯一消费量以两位数增长的能源类别。所以到 2050 年中国的清洁能源占比将远远超过 50%。按 2060 年碳中和的目标节点推算，中国清洁能源的占比至少要达到 80%，其中一半将是光伏。在这个前提下，不妨做一道简单的算术题，算一算到 2060 年中国究竟需要多少光伏。

中国现在一年消耗石油约 5 亿吨，在全部能源消耗中占 18.9%，也就是说如果将能源供给来源全部替换为石油，我们一年至少需要 26.5 亿吨的石油。

每 100GW 的光伏系统每年生产的电力，相当于 0.5 亿吨石油的等效能量，所以如果我们现在将 26.5 亿吨石油全部替换为光伏，需要 5 300GW 的光伏装机容量（2020 年，我国的光伏装机容量约为 253GW）。全国约 14 亿人口，人均至少需要 3.8kW 的光伏装机容量。

考虑到未来 40 年中国社会将全面发展，经济规模可能会翻一番甚至更多，现代化水平也将不断提升，未来人均能源消费量也会迅速增加。2019 年美国人均能源消费量是我国的 3.66 倍（2019 年，中国消费的能源约为 48.6 亿吨标准煤，人口约 14 亿；美国在 2019 年消费的能源为 41.63 亿吨标准煤，人口约 3.28 亿）。如果我国在 2060 年人均能源消费量达到 2019 年美国的水平，那么，到 2060 年，我国人均至少需要 13.9kW 的光伏装机容量。假设 2060 年在我国的能源结构中光伏占到 50%，那么未来人均至少需要 6.95kW 的光伏装机容量。

人均近 7kW 的光伏装机容量是一个什么样的概念？假设人口总数不变，每人拥有 7kW 的光伏装机容量，那么届时中国将会需要累计 9 800GW 的光伏装机容量。也就是说，除去已有的约 253GW 装机容量，未来 40 年我们每年至少都需要新增约 237GW 的光伏装机容量。

看似繁重的任务对中国光伏产业的发展来说，将是一个巨大的推动力。人均 7kW 的光伏装机容量、累计 9 800GW 的光伏装机容量，将深刻改变中国社会。除了太阳能之外，风能、水能、核能等也将进一步发展。能源生产清洁化作为这个时代的标志性事件，正在把人类带向未来的发展阶段。中国计划在 2060 年实现碳中和目标，在光伏产业的支撑下预计会提前 5～10 年实现。

第六章

通威智造

通威在光伏业务板块上的快速发展，正是中国光伏从追赶到超越的缩影。作为改革开放 40 多年来中国民营经济发展的代表，通威在新能源光伏领域构建了从上游高纯晶硅生产、中游高效太阳能电池片生产到终端光伏电站建设的垂直专业化产业链。

本章将以通威为例，站在光伏产业的角度思考以下问题：为什么通威会选择光伏？为什么通威的光伏业务会取得成功？通过解码通威的新能源业务，我们可以打开零碳与人类世界之间的一扇窗。

从绿色食品到绿色能源

2001 年，中国光伏开始起步。而在欧美国家的补贴政策下，全球光伏产业迅速发展。当时，市场情绪空前高涨，不少企业摩拳擦掌纷纷入局。但是，通威集团创始人刘汉元却一直没有下定决心跟进，因为他更想知道的是，在突然爆火的光伏市场背后，其产业发展逻辑究竟是什么？它对人类的未来究竟会产生什么影响？

通威在创立之初选择进入农牧行业，主要是为了在物资短缺的年代解决消费者吃肉难、吃鱼难的问题，想让更多的消费者吃上绿色食品，保障身体健康。这不仅符合当时的产业发展逻辑，更符合社会发展规律。而在 21 世纪初，当有机会进入光伏产业的时候,也必须考虑背后的终极价值是什么。站在今天来看,新能源的价值是毋庸置疑的,但是对于 20 年前的人们来说,其价值还是模糊的。

因此,刘汉元没有盲目投资,而是站在旁观者的角度对产业进行了深入思考。2004 年,他在北大经济学院读工商管理博士(DBA)期间,选择将"各种新能源比较研究与我国能源战略选择"作为研究课题。这一研究的背景是:当煤炭资源、石油资源走向枯竭,社会经济该如何实现可持续发展?

该研究从能源持续供应的角度进行,横向对比研究了未来各种可再生能源的技术路线可行性以及转换效率,试图去寻找什么样的途径可以满足未来中国快速上升的能源需求。得到的结论是:以光伏太阳能为主体的新能源必将取代石油、天然气等化石能源,并推动人类社会新一轮的能源革命。这将是人类自工业革命以来又一次伟大的进步,其意义不亚于瓦特蒸汽机的发明!

"当我们走在一些城市的街头,汽车排放的尾气刺鼻难闻,空气中的雾霾刺激着我们的呼吸系统,化石能源燃烧对环境的破坏是能够直接感受到的。随着物质生活水平的不断提高,人们必定追求更健康、更环保的生活方式,而非污染严重的环境。"刘汉元说道。

正是因为有了这样的理性思考和感性观察,通威才坚定地迈入光伏产业,从绿色食品向绿色能源拓展。通威人坚信改善人类生存状况、改善地球生态环境是值得为之奋斗的大事业,这不仅符合社会的发展需求,也与中国未来的发展方向高度契合。

但是,光伏产业链庞大,通威应该选择进入哪一个环节呢?太阳能光伏的生产环节可划分为五个(见图 6-1)。

- ● **第一个环节是生产高纯晶硅。**通过将大自然原生的硅石冶炼、提纯，得到纯度更高的多晶硅。

● 第二个环节是将高纯晶硅进一步加工，完成分子定向排布，通过拉棒或铸锭工艺，生产太阳能级别的单晶硅棒和多晶硅锭，并将其切片。这一环节形成的产品称为"硅片"。

● 第三个环节是将硅片清洗制绒后制作可用于光电转换的 P-N 结，再沉积减反膜，最后丝网印刷金属栅线，烧结后得到太阳能电池片。

● 第四个环节是将六七十片太阳能电池片串并联后，用钢化玻璃、EVA 等材料层将其层压封装成太阳能电池板（或光伏组件）。

● 第五个环节是把光伏电池系统地集成运营，建立光伏电站。

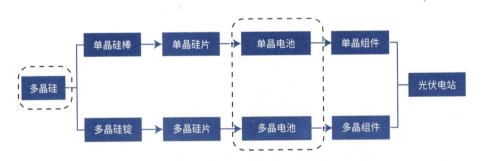

图 6-1 光伏新能源产业链

在五大环节中，下游的光伏电站属于基础设施建设和运营，中游的电池片和组件、上游的硅片属于制造业，而更上游的硅料属于化工行业。当时主要的光伏企业集中在硅片、电池片和组件环节，因为这三个环节的技术要求较低、资本投入较少、生产周期短，能够很快实现投资回报。但是，这也导致在这些环节投资过热、生产过剩等弊端，而且由于原料和市场都在外，中间环节受上下游的影响较大。

所以，通威将目光投向了市场逐渐升温，但进入门槛更高的硅料环节。由于投资周期较长，一般投入 1～2 年才能开始生产，且技术壁垒较高，虽然也有不少企业涌入，但是与中下游相比进入的企业相对较少，其产量远远跟不上行业需求。当时，行业内的中下游企业对硅料的需求只能依靠进口来满足。供不应求，也导致硅料价格飙升，多晶硅的价格在 2005 年达到 100 万元/吨，短短一年后又上升至 300 万元/吨，行业呈现出畸形发展的态势。通威进军硅料环节，正是想提升多晶硅的国产化水平，降低硅料成本，从而推动整个行业健康发展。

而且，与其他企业相比，通威进军硅料环节还有着独特的优势。通威旗下的永祥股份本身就是一家化工企业，产品之一三氯氢硅[①]正是生产多晶硅的上游原料。国内许多多晶硅生产企业不具备化工背景，因而只能通过外购来获得三氯氢硅，但当时三氯氢硅的产量远不能满足市场需求，所以从事化工生产的永祥正好利用自己的技术优势和设备优势，填补市场的空缺。而且，生产多晶硅耗能大，电力消耗是成本结构中的最大一项，而永祥所在的四川乐山水电充裕，能够有效降低生产成本。

在外人看来，通威这家主业是生产鱼饲料的企业进军硅料行业，是跟风扩张之举。但因为永祥的存在，通威只需要轻轻一跃，就可以进入光伏产业的最上游。这是水到渠成，也是十分务实的战略选择。因此，2006 年末，通威宣布将正式进军多晶硅行业，并在次年与乐山市人民政府签订 10 000 吨多晶硅项目投资协议，这是当时国内产量最大的多晶硅项目。此后，永祥虽然也经历了不少曲折，但是整体而言走上了一条高速发展的道路，今天已经成为全球最大的高纯晶硅生产企业。

---

① 三氯氢硅（$SiHCl_3$）又称三氯硅烷、硅氯仿，主要用于生产多晶硅、硅烷偶联剂，其中多晶硅的应用领域为太阳能电池、半导体材料、金属陶瓷材料、光导纤维等产品的生产制造。

在这一过程中，通威一直在做两件事：第一，技术创新；第二，扩大产能。

硅料生产原来一直被认为是高耗能行业。用传统西门子法生产 1 千克多晶硅，就需要维持 1 100 ℃的高温，耗电量高达 200～400kW·h，相当于家庭卧室使用一盏 10W 的 LED 灯泡连续照明 2～4 年。除高耗电量外，生产 1 千克多晶硅还会产生 18 千克四氯化硅，若不能对其循环利用，会对环境造成很大的污染。这就形成了一个难题：通威为了寻求绿色发展、改善生态环境而选择进入新能源产业，但是在当时的技术条件下要实现这一目标非常困难。实际情况与发展理念相去甚远，所以进行技术创新是当务之急。

而且，市场行情的变化也迫使通威进行技术投资，降低生产成本。2008 年的全球金融危机和 2011 年后欧美"双反"双双压来，整个光伏产业进入寒冬，硅料价格一落千丈。面对国外的技术封锁、市场的挤压和蚕食，许多硅料企业纷纷倒闭。为了不被市场洗牌出局，必须加大投资，进行技术沉淀，在惨烈的市场竞争中寻找生路。

从 2009 年起，永祥开始了技改的长跑，到 2014 年经历了四次大型技术改革。这四次技改奠定了永祥乃至通威新能源板块在行业内的领先地位。

永祥在多晶硅的技术研发过程中，从传统西门子工艺出发，经过多年技术沉淀，研发出了具有自主知识产权的"永祥法"。"永祥法"多晶硅生产工艺先后经历了第一代热氢化技术、第二代四氯化硅自循环技术、第三代小型冷氢化技术、第四代大型冷氢化技术等发展阶段。永祥在深度研发过程中，不仅研究了四氯化硅闭路循环工艺，还深度研发了大型节能还原炉、大型节能耦合精馏工艺、尾气干法回收工艺、新型渣浆处理工艺、热能梯级利用等诸多多晶硅核心生产技术和设备装置（见图 6-2）。其中，2013 年冷氢化大型节能系统的改革最为关键。

氢化是硅料生产循环系统中至关重要的一步，四氯化硅催化加氢转化为

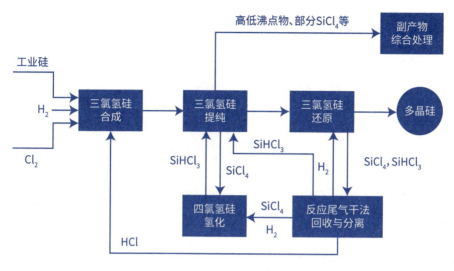

图 6-2 多晶硅生产工序

三氯氢硅，实现循环利用，是大规模生产多晶硅的关键环节。在此之前，业内的主流处理方法是热氢化——将四氯化硅的汽化物与氢气按一定比例混合，在 1 250 ℃以上的高温下发生反应。由于不需要加入硅粉，无其他杂质带入，后续的精馏提纯更为简单，且对装置的要求低，曾长期作为业内主流的氢化工艺。但维持高温需要大量的能源供给，高能耗是热氢化致命的缺点。

而冷氢化是在四氯化硅气体与氢气中加入硅粉，省去热氢化配套流程所必需的合成三氯氢硅，在完成三氯氢硅制取的过程中，同时实现了四氯化硅的氢化，在提升转换效率的同时，极大地简化了生产流程（氢化流程见图6-3）。加之 550 ℃的反应条件，单位耗电量较热氢化低 3kW·h/kg。但由于冷氢化是固气流化反应，需要高压环境、催化，因而对设备的密封性要求是冷氢化改革的一大难点；而在反应过程中需要持续输送干燥的硅粉，复杂的操作系统同样需要攻克；硅粉的加入带入了些许杂质，对后期的精馏提纯技术提出了更高要求。

行业普遍使用的改良版西门子法生产 1 千克多晶硅需要耗电 200kW·h 以

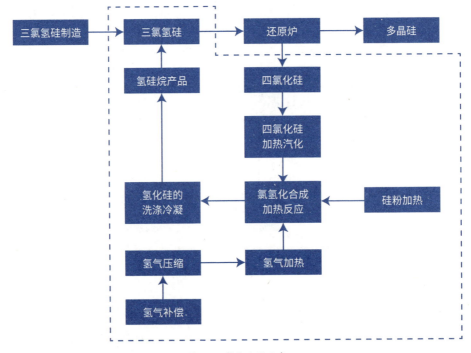

图 6-3 氢化流程示意

注:虚线框内为本项目的关键工艺过程和装备。

上,由冷氢化加持的永祥法则可以将耗电量控制在 80kW·h 至 100kW·h 的水平,甚至逐步降低至 80kW·h、60kW·h、50kW·h。改良后的工艺也让生产高纯晶硅的副产物四氯化硅实现了闭路循环,这不仅让生产成本直接节省一半,还在节能降耗方面做到了行业前列。攻下冷氢化技术,就等于冲破国外多晶硅技术的"封锁防线",使中国生产逐步登上技术的塔尖。通威硅料的生产成本从最初的每吨 20 多万元,降到每吨 18 万元、16 万元、14 万元、12 万元……数字的递减,直观地展示了技术的一路突破。

在不断进行技术改革、降低综合能耗的过程中,通威还形成了独具竞争力的循环经济。2007 年,永祥就利用生产烧碱过程中产生的富余氯气和氢气,与硅粉合成了三氯氢硅,作为多晶硅生产的原料,形成了永祥循环产业链的雏形。后经过四次技术改革,永祥进一步推动了内部化工板块的联营,形成了从盐卤、氯化氢、烧碱、聚氯乙烯、多晶硅到电石渣水泥的完整循环经济产业链，将多晶硅、树脂、水泥三大产业的物料循环与清洁生产相结合，达到了固体废物零排放。比如，前端聚氯乙烯工序的电石渣等"废料"可作为后端水泥厂的原材料，烧水泥窑产生的蒸汽可用于多晶硅生产，生产多晶硅产生的废渣又能成为制造水泥的原材料，等等。这样"圈层式"的循环往复，既充分利用资源、节能降耗，也让永祥受益良多，内部三个厂的生产线被紧密联系在一起。

永祥的生产成本能做到行业最低，与资源的循环利用有密切关系。原本生产 1 千克多晶硅，在还原阶段就大约需要耗电 70kW·h。但在循环经济系统下，在还原阶段把热水变成蒸汽后，送到精馏塔区，可为精馏和回收两个工序供热。就这样，还原阶段电耗的 65%～70% 得到了回收利用。并且在利用蒸汽携带的能量的同时，所有蒸汽冷凝后全部被回收利用，大大节约了水资源，在使用过程中只需要补充锅炉造成的 5% 左右的损耗，就能支撑全部生产。

废料排放多说明生产过程中物料损失多，因此成本就高。废料排放少说明物料利用充分，成本必然降低。利用好资源能量可以节约不少成本。到 2021 年，永祥还原阶段的电耗低至 42kW·h/kg 以内，远低于行业平均水平。

又比如在循环经济中，永祥生产水泥使用的原料电石渣不仅零成本，同时节约了电石渣的处理成本。水泥又通过消化生产多晶硅产生的滤渣、炉渣等，降低了处理废料的成本。产业链环环相扣，物料就得到了最充分的利用并实现了最小的损耗，降本增效是自然结果。

永祥循环经济产业链（见图 6-4）不仅让多晶硅的生产实现了节能减排，还带来了烧碱产品 15 万吨/年、聚氯乙烯 12 万吨/年和电石渣水泥 100 万吨/年的额外产出，形成了新的效益点。多晶硅、烧碱、聚氯乙烯、水泥"四驾马车"

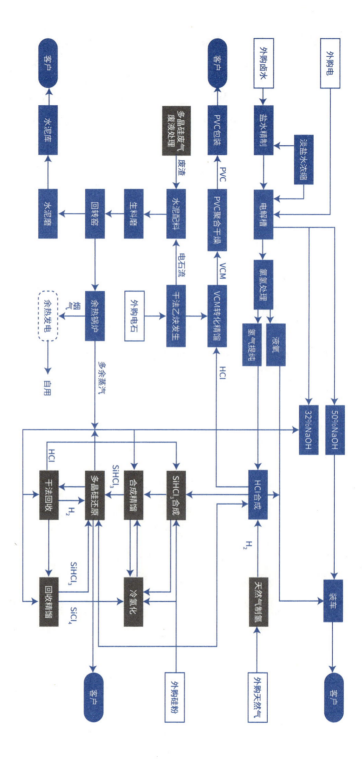

图 6-4 永祥循环经济产业链

共同盈利形成的巨大拉力，为永祥的经营贡献了力量。

经济效益和社会效益高度统一，是通威始终追求的方向，为此通威人不断投入精力、不断争取节能降耗、不断探索循环经济新模式。通过四次技术改革，永祥做到了行业单位综合能耗[①]最低。

技术创新为扩大产能奠定了基础。四次技改完成后，永祥很快开始了扩张。

2017年6月，永祥四川乐山新能源一期2.5万吨高纯晶硅项目启动，同年7月，内蒙古包头一期2.5万吨高纯晶硅项目启动。2020年，永祥四川乐山新能源二期5.1万吨高纯晶硅项目、云南保山一期5万吨高纯晶硅项目、内蒙古包头二期5万吨高纯晶硅项目启动。2021年6月30日，通威集团与四川省乐山市人民政府、五通桥区人民政府正式签订了《20万吨高纯晶硅项目投资协议》，项目预计总投资约140亿元，每期10万吨分两期实施。

2021年11月30日，随着永祥四川乐山新能源二期项目的投产，正品一次性出炉，彻底打破了行业"半年质量爬坡期"的定律，标志着"第六代永祥法"的可靠性和先进性。2021年底，永祥高纯晶硅的产能超过18万吨。

而且，除了立足光伏产业，永祥也在为进军半导体行业做准备。在四川乐山投产的新能源二期5.1万吨高纯晶硅项目中，有1 000吨的产能是用于半导体行业的电子级高纯晶硅。行业内一般把经过提纯后的工业硅统一称为高纯晶硅，但实际上高纯晶硅也划分为太阳能级（SOG）和电子级（EG），太阳能级晶硅的纯度要保证在99.999 999 9%（总共9个9，通常表述为9N）以上。而电子级晶硅的纯度还要提高2个数量级达到11N，相当于5 000吨的晶硅中有不超过一枚硬币重量的杂质。电子级晶硅是制造半导体芯片的重

---

① 单位综合能耗是指在统计期内，对统计对象以单位原料加工量或单位产品产出量表示的各种能耗量。

要材料。太阳能级晶硅已能普遍满足光伏发电的需求，但不排除未来为突破光电转换的极限，而将电子级高纯晶硅应用于太阳能电池片生产。

从1万吨到18万吨，从跨界创业到全球最大的高纯晶硅生产商，从乐山工厂到"一总部三基地"的生产规模，从太阳能级产品到电子级产品，永祥的发展步伐逐渐加快并趋稳。

今天回过头来看，通威能够在硅料环节取得这样的成就，离不开对生态与社会效益的价值追求，以及求真务实的工作作风与不断改革的创新精神。这是通威最宝贵的财富之一。只有这样的企业，才能真正立于世界商业之林。

进军产业中游

永祥的成功引发了通威更多的思考：是否可以此为战略支点，向产业链的中游、下游延展，把通威新能源板块的价值发挥到极致？

2012年，刘汉元在机缘巧合下参观了当时全世界最大的光伏电池工厂之一——挪威REC集团的工厂。那是一家高度自动化的工厂，工人很少，全是由机器人完成工序，车间窗明几净、干净整洁，各项指标都做到了数据化、可视化，远远超出了人们对现代化工厂的认知。在留下深刻印象的同时，刘汉元也意识到，从0到1切入中下游自建工厂很难在短时间内赶上世界领先的优秀企业，但"买船出海"则可以大大缩短时间。于是，通威决心以收购的方式进军产业中下游，并且以打造超越欧美领先企业的全球最先进工厂为目标。

就在这时，合肥赛维出现了。

合肥赛维原是江西赛维LDK太阳能高科技有限公司旗下的太阳能电池片生产基地，新建不久就因欧美"双反"、母公司经营不善等问题无奈停产。江西赛维是国内主要的太阳能组件制造商之一，也是我国太阳能产业的先驱之一。它在2005年成立后，仅用两年时间便在美国完成上市，业务涉及光伏全产业链，一度被当作中国光伏的"名片"。但在2011年欧美"双反"的压制下，规模急速扩张的江西赛维遇到了产能过剩、市场需求骤降的难关，经营压力瞬间增大。面对供应商索债、亏损持续扩大的困境，江西赛维只能变卖旗下资产，而合肥赛维就是其中之一。

的确，身处电池片环节的合肥赛维是最能发挥通威内在竞争力的标的。首先，它是当时全球单体规模最大的一个太阳能电池片工厂，单一基地的产量达1.2GW；其次，由于投产不到一年就被迫停工，生产设备几乎是全新的，通威无须再购买大量额外的生产设备；最后，工厂虽然已经停产大半年，但还有数百位技术员、工程师在岗，可以迅速组建团队，恢复生产。虽然合肥赛维与上游的硅料环节隔了一个"硅片"环节，但正好可以将它作为独立的专业化产业打造。

基于这些条件，通威立刻展开了收购。作为光伏产业内的一名新兵，这次收购也遭到了产业内外的质疑。"一家饲料生产企业，能做好光伏吗？"这是当时大家的疑问。什么都不能动摇通威的决心，通威人始终相信，清洁能源将成为人类文明发展的必然选择，太阳能光伏发电将是发展清洁能源的必然选择，也将成为我国甚至全球经济社会可持续发展的重要支撑和保障。抓住光伏产业的机遇，推动光伏产业发展，时不我待。

之后，通威积极跟进项目，不仅多次与合肥市人民政府对接，还与合肥赛维的员工沟通，把自己清晰的战略思考、对整个行业的判断和盘托出，最大限度争取对方的支持。通威不仅希望这笔收购获得财务上的成功，更希望追求长远发展，盘活资产，实现企业、员工、地方政府三方共赢。

在这个过程中，一些追求投资回报的竞争对手纷纷放弃了收购意向，通威是为数不多的坚持如一的企业。"我还记得竞拍那一天的情景。原本我们的收购案计划出资3.4亿元，但是最后经过218轮竞拍，以8.7亿元的高价完成收购，实际收购价是计划的2倍有余，"刘汉元说道，"收购合肥赛维，足以说明我们对产业发展的决心。"

2013年9月完成收购后，仅用一年的时间合肥基地就实现了扭亏为盈；通威不仅盘活了这块资产，还扩大了生产，为当地提供了超过2 000个就业岗位。截至2021年5月，通威太阳能合肥基地连续保持着83个月盈利的纪录，从未亏损过一分钱，这在行业内也是独树一帜。

以合肥基地为起点，通威太阳能又迅速建立起双流、眉山、金堂三大基地。截至2022年7月，太阳能电池片年产能超过50GW，连续6年成为全球产能规模和出货量最大、盈利能力最强的太阳能电池企业。根据公司产能规划，到2023年底，公司将形成超过102GW的产能。

通威太阳能能够获得成功，取决于两点：第一，通威将自有的文化和管理模式不遗余力地注入其中，依靠文化再造、管理升级，提升企业经营的效率和员工工作的积极性；第二，向国外先进的智造企业看齐，不遗余力地进行数字化升级，通过科技创新，推动企业发展与业绩提升。

"每天进步1%"是通威重要的企业文化，这来自其在农牧领域长久积累的经验。在对工作的踏实严谨和对细节的把控上，通威有着远超同行的执着。收购合肥赛维后，通威开始对整个厂区实施精细化管理，目的就是号召大家从细节出发，对生产管理进行严格把控。过去，太阳能电池生产车间通常会出现这样一种情况：面对同一道工序，熟练工和非熟练工的处理方式有所差异。比如，老员工可能只用5分钟，新员工却要用10分钟。时间就是生命，这短短的5分钟会影响不少生产。

发现问题，解决问题。通威太阳能通过标准化的管理方式，在将各工序中的应急案例进行剖析后，印刷成册，分发给新员工学习，从而从细节上疏通了这类操作的堵点，提高了工作效率。在生产指标、生产成本、产品结构、客户结构等方面，深挖每一个环节。此外，通威太阳能还制定了"数据指标"。数据指标不是凭空想象出来的，而是对标同行后给定的指标。2017年，通威太阳能提出在当时的基础成本上，再实现10%的"降本"目标。根据目标步步推进，仅一个季度通威太阳能便成功"降本"10%，并在此基础上提升难度，挑战15%的目标。

将目标拆解，深挖每一个细节。团队成员坐在一起研究每一项数据，比如碎片率、单位耗能是否降低、A级品率是多少等，从每个班次到每个人员都进行具体分析和调整。同时，拟定系统方案，对原来分散到各个部门的成本进行分析，从公司层面进行更加规范的分析管理。"成本分析组"每天、每周紧盯成本，不断梳理各个环节的费用，不断降低成本。

光伏产业不断发展，许多环节虽有壁垒，但进入难度较以往已经下降了很多。在太阳能电池生产上，整个行业基本都知道基本的制作原理，产品同质化严重。所以，通威太阳能竞争力的核心不在于高深的工艺，而在于细节管控、严谨务实，只有每个环节都持续精进，才能做到持续降低成本，形成差异化的竞争力。

进行数字化升级也是通威太阳能的改革方向之一。2017年9月，通威太阳能在成都基地的S2车间投产，建立了世界首条工业4.0高效电池智能制造生产线。2018年，成都基地3.2GW项目全面采用背钝化技术，以高效单晶电池无人智能制造路线为主，建设智能化工厂、数字化车间。与常规半自动化生产线相比，这条生产线的非硅成本预计在原有基础上下降10%以上，实际产量可达设计产能的120%。2019年3月，成都基地四期项目开工。生产线均由自动抓取的机械臂、智能运输机器人组成，给太阳能智能化、数字化增添了新动力。2021年，通威太阳能金堂基地一期项目建成投产，生产线采用了全自动化设备，园区里 5G 无人叉车已经投入使用。

数字化为企业带来的改变是显著的，尤其是在生产效率方面。人的工作效率会受情绪、熟练度等各方面影响，但机器和数字化设备就不存在这样的问题。程序设定后，智能机器人能够精准、连续运行，从而提高了良品率。而且数字化设备应用大大降低了对人工的需求，节约了大量工作内容重复的人力资源。

2005 年前后，在太阳能电池生产环节，生产 1GW 的太阳能电池需要员工 1 000 多人，到 2020 年，这个数字下降到了 100 多人，下降幅度达到 90%。这一方面解决了蓝领工人短缺的问题，另一方面把一线员工从繁复的劳动中解放了出来，让他们获得更充分的发展空间，去做更有价值的事。许多一线员工已经转岗到更具创造性的岗位上，从事检测、实验和研究工作。这样不仅让员工的工作内容变得更有意义，也能给企业和社会带来更多效益。

在效率之外，生产的可靠性也得到了提高。例如，在操作时，机器能更平稳地做一些机械却关键的工作，如抓取电池、搬运货物等，碎片率比人工操作低许多，并且随着机器抓取数据的增多，沉淀下来的数据量更大，在做分析和判断时，就更接近真实的水平，远远超过了人工抽查的准确率。

在安全方面，智能系统能够自动下达命令停止生产，保障生产安全。再比如，在电池原材料检验数据的收集和处理方面，企业以前要靠人工采集、录入和分析，再依靠人的判断来发现问题。但是，人工作业难免出错，尤其是在人感到疲惫时，漏录或错录的风险更高。将错误的数据交到工程师手里，会影响结论的正确性，导致一系列后续问题，产生不必要的浪费。而利用数字化技术，能够自动生成原材料的检验数据，批量化计算并直接分析出结果，预测整个批次原材料的优劣，预警供应商注意来料合格与否，再以此为依据做出优化调整，从而减少决策失误、解决耗时耗力等问题。

如今走进通威太阳能的智慧工厂，便会看见数据在监测大屏上实时滚动变化，不间断地反馈生产线上的各项数据指标。敞亮的车间里工人稀少，各种先进设备有条不紊地挥舞机械臂，抓取，再放下。装有雷达信号装置的 IGV 智能小车奔走在各生产设备之间，在指定位置停住后，一边取送原料，一边收回完成工序的产品，动作一气呵成、精准迅速。以通威为代表的中国光伏终于和欧美发达国家站在了同一起跑线上。

当然，这远不是结束。未来，通威还期望借助大数据、AI 等数字技术解放"双手"和"大脑"，通过将数字技术真正深度融入业务中，为企业提供决策依据。通过自动摄像系统、全信息化生产设备等，把生产数据、研发数据、经营数据、管理数据等全都汇聚起来，并对数据进行梳理、分析、加工，形成数据资产，并将其用于业务中，最终驱动中国光伏产业的发展。

产业融合布局下游

通威在产业链中游摸索的时候，也不忘思考如何将业务延伸到终端，从而真正服务于消费者，实现自身的绿色价值。

2013 年以前，中国光伏产业的组件产品绝大部分是出口到欧美发达国家，为它们的经济绿色转型做贡献，在国内的应用相对较少。直到 2013 年，我国才依靠补贴政策大力促进光伏应用。但是，在发展过程中，我国也遇到不少挫折，最显著的问题就是"弃风""弃光"问题。2015 年，我国风电发电量达 142.6 TW·h，太阳能光伏发电量达 32 TW·h，但弃风电量、弃光电量就分别高达 26.94TW·h 和 4.65TW·h。[1] 为什么会出现这样的问题？因为能源生产中心与负荷中心距离太远，新能源消纳不足。

---

[1] 国家电力调度控制中心. 国家电网 2015 年新能源并网运行情况报告 [R].2016.

国家能源局的统计数据显示，仅 2013—2015 年，中国光伏发电累计装机容量就从 19.42GW 迅速增长至 43.18GW，中国一跃成为全球光伏发电装机容量最大的国家。不过，我国的风力装机和光伏装机都集中在了"三北"地区，即我国的东北、华北和西北地区[①]。大部分"三北"地区空气干燥、云量少、日照多，全年的日照时数为 2 600～3 400 小时，光照资源十分丰富。加之"三北"地区距冬季风源地近，风力强劲，风能资源丰富，约占全国陆上风能资源总量的 80%。截至 2015 年底，"三北"地区的风力装机和光伏装机分别占全国总量的 77% 和 68%，是我国风光新能源的生产中心。

但是，"三北"不是能源的负荷中心，而且离东部负荷中心距离太远，由于需求较小，电力开发过剩，于是"弃风""弃光"问题频发。解决这一难题的方案有两种。其一，兴建特高压电网实现"西电东送""北电南送"，把源源不断的清洁能源输送到东部、南部人口密集、经济发达的大城市。这一方案也是国家这些年正积极推进的。其二，在东部地区建立占地面积小的渔光一体电站，为能源负荷中心供能。这正是通威思考的方向。

"弃风""弃光"的本质是东、西部能源资源配置不合理。如果能够让东部也成为能源供应中心，那么东、西部能源发展将会更加协调。针对这一问题，通威基于自身资源与能力，进行了一系列思考和探索。很明显，通威作为一家以水产养殖为主业的农牧企业，同时也是一家涉足光伏产业的清洁能源企业。如果这两者能有机结合，将会爆发出无限的潜力。这一思路的确具有可行性。

首先，沿海地区和东部地区是我国主要渔业产区，占全国养殖总产量的 79%，是中国水产养殖面积最大的区域。如果能将养殖水面利用起来发电，将大幅推动清洁能源开发。其次，从国家能源分布情况来看，东部经济发达地区

---

① 东北地区包括黑龙江、吉林、辽宁；华北地区包括北京、天津、河北、山西、内蒙古；西北地区包括陕西、甘肃、青海、宁夏、新疆。

依赖外部输入能源，对分布式和部分集中式光伏电站的诉求强烈，光伏产业的建设阻力较小。

当时，业内已有屋顶光伏、农光互补、渔光互补等概念，均是为了解决光伏终端发电规模化推广的问题。其中，渔光互补也只是将传统渔业养殖与光伏进行简单叠加。通威具有多年的水产养殖经验，希望将现代渔业和光伏发电有机结合，通过"上可发电、下可养鱼"的新模式，实现"$1+1>2$"的效果。通威独创的"渔光一体"便顺势而生。

从2013年起，通威就开始立项研究"渔光一体"模式，先成立专项项目组，然后又去苏州、建湖、射阳等地实地调查，在南京水产科技园开展了"模拟光伏板遮光养殖黄颡鱼"试验，探索不同遮光比例对养殖水体、养殖效果的影响，以及新模式下所适用的渔机设备和养殖方式。由500人组成的研发团队，经过300多个日夜的坚守，通过12万个数据的采集记录及对比分析，终于成功探索出"渔光"结合的最优实施办法。

2016年前后，通威就先后完成了江苏如东10MW、江西南昌20MW、宁夏贺兰10MW等"渔光一体"模式光伏电站的并网发电。在下游终端电站中，截至2022年6月，通威集团已在全国20多个省市开发建设了超过48个以"渔光一体"为主的光伏发电基地，并网规模超过3GW。

土地复合利用的新模式，5～10倍地提升了单位国土面积的价值输出。养殖户反复实践后证明，"渔光一体"的科学养殖模式，全面提高了养殖产量及水下鱼类的品质，水产每季可实现50%以上的增产，而每亩水面上的光伏板可以输出相当于10～20吨石油的等效清洁电力。这对农业增收、清洁能源替代起到了巨大的推动作用。

2021年中央一号文件提出，将加快推进农村一、二、三产业融合发展示范园和科技示范园区建设，推进农业与旅游、教育、文化等产业深度融合。在时代的大潮下，通威责无旁贷——借渔光辉映，助乡村振兴。

在"渔光一体"的基础上，通威还进一步改变以往传统渔业的农业化特征，注重乡村空间的拓展和功能的优化，打造集水产养殖、光伏发电、文化旅游于一体的"渔光小镇"。位于南京市六合区龙袍街道的"通威（江苏）省级精品渔业园"，是通威"渔光一体生态园"成功经验的真实写照。通过将养蟹和光伏结合，河塘与光伏板的结合有效降低了水温，解决了蟹池水草无法存活的养殖环境问题。水草长得好，河塘水质自然会变好。好水质则是养出高品质大闸蟹的基础条件。

龙袍街道的渔业园不仅带动了农民养殖螃蟹致富，还被打造成垂钓休闲旅游之地。每个周末，许多市民带着家人来到基地钓龙虾、抓螃蟹，南京林业大学等多所高校将此作为教育基地。2020年龙袍街道渔业园的总接待量达4 000多人次。游客的到来，也带来了越来越多的大闸蟹订单，当地螃蟹的年产量达到30万斤，为养殖户带来约1 700万元的收入。

"观光＋科普＋休闲"为一体的综合性园区，既满足了人们对绿色能源与绿色食品的生产需求，同时又能为周边市民提供充满科技感的休闲娱乐服务、亲子游览服务。因为三产的成功融合，该渔业园成为南京新农村建设的亮眼名片，也成为打造国家乡村振兴的通威样板，前来参观交流的各地政府、企业、养殖户络绎不绝。

从"渔光一体"到"渔光一体生态园"，渔业与光伏融合，并一路升级，积累了一、二、三产业融合的成功经验。未来，"渔光一体生态园"下的一、二、三产业链将更加完整，规模将更加巨大，必定能借助"新渔业、新能源、新农业"，有力推动"三农"工作向更高质量发展，真正实现土地叠加利用最大化、绿色生态最大化、视觉美丽最大化、产出收益最大化，并真正实现渔、电、环保、旅游、税收的"五丰收"。

错位竞争协同发展

通威新能源板块从 2006 年发展至今,牢牢占据了三大环节:上游硅料、中游太阳能电池片、下游光伏电站。三大环节之间并不直接关联,构成了独立的跳跃式发展模式。这与行业内大部分企业一体化的发展逻辑有所区别。

光伏产业经过 20 年的发展,已经慢慢演变出两种发展路径,一种是"一体化",另一种是以通威为代表的"专业化"。

- **一体化**。所谓一体化,即整合已有资源,通过打通行业的上下游产业链实现垂直发展,即从原料到终端全流程涉足。这种模式的优势在于自产自销,降低各环节间的额外支出,面对行业动荡也有较强的稳定性。对于光伏产业而言,技术迭代速度较慢,利润来自成本优势,单一环节的龙头优势不明显。通过一体化发展,可进一步降低各环节间的成本,获取行业内的竞争优势。

- **专业化**。专业化是指光伏企业在产业链上的一个或几个独立环节做大做强。经济学告诉我们,经过专业化分工,复杂劳动被拆解为简单动作,每个人只需要负责某个环节即可,这不仅降低了每个劳动者的劳动门槛,还从整体上降低了各项工业生产活动的成本。其优势是企业高度参与市场竞争,有强大的竞争动力确保产品质量和成本的最优。

通威一直坚定地走专业化分工路线。在农牧产业,其核心是水产品和鱼饲料;在光伏产业,通威则重点聚焦一、三、五环节,分别是硅料制造、太阳能电池片制造、终端光伏电站建设。只有让机制进一步优化、组织进一步匹配,充分发挥产业链的协同优势,集中精力,将长板发挥到极致,将短板有效规避,以最短距离、最低成本、最少时间,构建组织最高效、成本最低的产业链,企业才有足够的信心和底气参与未来的市场竞争。

专业化意味着每个业务板块都需要直接面向市场，市场会倒逼企业在产品质量、技术创新、成本管理等方面做到最好以提高竞争力。在通威，产品质量标准、环保指标等都高于行业平均水平，这其实是客户倒逼下的自我成长。必须做到比别人更好，才有生存的机会。相反，如果产品能够"内销"，就很容易在产品质量、创新等方面得过且过，无法在专业性上严格要求自己。结果之一就是，企业在安逸的环境中逐渐丧失动力，最终失去市场竞争力。当所有企业都失去前进的动力，市场会像一潭死水，产业的发展也将深受影响。

正是因为存在市场竞争，生存压力才能逼迫企业不断突破自我、攀登高峰。任何一家在技术、产品上实现突破的企业，都应该让竞争对手感受到危机，刺激它们寻找新的方式实现提升、超越，这样才能形成良性竞争，推动产业持续发展。如果企业都自我封闭、只顾埋头苦干，那么产业进步的速度就不会太快，企业自身也没法分享产业发展的红利。

通威坚持专业化，希望能做好"车间主任"，在行业内起到引领示范的作用。以高纯晶硅为例，作为制造光伏产品的基础原材料，高纯晶硅生产具有投资金额大、技术工艺复杂、投产周期长等特点，所以拥有较高的进入壁垒。专业化分工不是不允许其他企业进入这一领域，而是意味着一家企业要想进入并赶上同行，至少需要 3～5 年的时间。

这对于日新月异的光伏产业来说是一个漫长的时间过程，企业面临的机会成本巨大。即便赶上了同行，也可能难以避免同行间的恶性竞争，最终导致两败俱伤。

只有选择真正有竞争力的伙伴一起打天下，行业才将更理性、健康，合起来的竞争力才更强。

专业化才可能实现资源的最佳配置和整合。人的生理结构决定了其精力必然存在上限，专注于一件事情可以干好，同时做两件事情就会犯难。企业也一样，存在长板和短板，很难靠一己之力成为全能选手。如果为了补齐短板而分散了精力、资源，很可能会拖累长板，因资源错配而陷入发展危机。

"如果我们老去看别人的碗、吃别人的饭，回家可能发现自己的饭、锅都被端走了；老是走别人的路，经常还想让别人无路可走，回来却发现连自家门口都被堵住了，因为别人也是这样想的。"这是刘汉元常常挂在嘴边的一句话。"无论何时，企业都要清楚地知道五个问题：我是谁？从哪儿来？要到哪儿去？凭什么去？为什么去？从而进一步思考，如果我们在某个领域有优势，那么是不是可以和别人合作实现共赢？什么样的方式能使我们的行业形成更多优势互补的合作和现代化的大分工？什么样的方式能够使我们理解彼此的需要和利益的分配？"

无论是动物世界还是人类社会，物竞天择，适者生存，这基本上是一个本质规律。但人类至少具备理智，竞争绝非终极目的。在新能源的大事业、大潮流之中，每一家企业都承担着改善地球生态和人类生存状况的绿色责任。这不是少数企业单打独斗就可以完成的目标，需要全行业一道为此努力。

有了这些理念和理性，相信中国光伏产业未来可以发展得更好，可以赢得全球合作伙伴更多的尊重。

协同发展

因为专业，所以崇尚合作。行业生态是企业赖以生存的环境，只有形成专业分工、互利共赢的发展共识，相互成全、相互认同、优势互补，才能构建更好的行业生态，才能真正促进行业的健康发展。

光伏产业需要百花齐放、百家争鸣。各花有各好，一园百样红。差异化竞争是自然界生物最高明的生存智慧。光伏产业想要实现长足发展，则需错位发展、竞和发展，构建行业生态共同体。有了更加开放、健康的行业生态，大家都专注于自己擅长的事情，然后用彼此最长的"指头"合力做事，行业自然会形成更多优势互补的合作和现代化的大分工。

当产业链的各个环节都实现了专业化和规模化，下一步就是将各个环节串联起来，构建生态共同体。光伏的未来有无限大的空间，没有谁能真正做到全产业垄断。通威坚持有效协同、相互推动、相互牵引、相向而行的发展理念，强调产业合作分工。

在硅片领域，隆基股份的出货量在2021年上半年已达38.36GW，如果有需求可以直接向它购买；组件领域的企业则更多，晶科能源、晶澳太阳能、天合光能等都拥有各自的技术优势，足以满足市场需求。构建真正健康、可持续发展的行业生态，业内上下游的合作是必然的。

在具体方式上，通威倡导实行错位协同发展。在上游硅料环节，天合光能与通威签订战略合作协议。而在太阳能电池片环节，通威与优质单晶片供应商隆基股份签订合同，隆基股份在2020—2022年按约定出货优质单晶片48亿片，用于通威太阳能电池片的生产。长订单模式很快在行业内普及。比如，中环股份与保利协鑫签订3年的多晶硅长单，天合光能与上机数控签订5年的单晶硅片长单……在发展过程中，需要理性地看待彼此的长处与不足，真正思考每一家企业、每一个团队、每一个人的精力和优势。

如果仍然担心被上游"卡脖子"，通过股权投资参与生产也不失为一种选择。通威开放了面向客户的投资，允许其在项目中投入20%、30%甚至更高比例。下游客户通过参投，在分享通威优势项目带来的高利润的同时，也能保障供应链的稳定和安全。

通威旗下的永祥新能源已经得到隆基股份的参投，此举满足了隆基股份在高纯晶硅上的巨大需求；与天合光能合作成立的通合新能源，已在2021年底实现第一片电池片的顺利下线；京运通、晶科能源共同签署增资扩股协议，以现金的方式完成对永祥能源科技公司的注资，助力通威未来20万吨高纯晶硅扩产。这种股权间的合作，比简单的孤军奋战更有效、更稳固、更协同，可推动行业更健康地发展。通威与行业伙伴的合作，为产业上下游的协同发展再次树立了典范。

这正是通威提倡的错位竞争、协同发展、打造行业生态共同体的思路。要实现真正健康、可持续发展的行业生态，业内上下游的合作是必然的。通过产业联盟的建设，业内优势资源得以集中，从研发到制造再到应用，从硅料到电池再到电站，产业链将被彻底打通，共创、共生、共赢的生态共同体正在建立。

在未来的 10～20 年，无论是 50GW、80GW 还是 100GW，只要中国光伏企业拿出自己的核心竞争力，加强合作、携手共进，中国能源转型和全球碳中和的伟大进程终将成为现实。

联合创新

行业生态共同体还能有效提高企业创新能力。一个项目的产业化落地，不能依赖某个企业的孤岛式创新，而要依靠众人的智慧，依靠与上下游的联合创新。因此，建立绿色生态共同体既有助于行业稳定，也有利于行业创新。

首先，技术的突破需要上游的设备商、材料商共同配合才能完成。以太阳能电池组件为例，每个组件在出厂前的测试中所表现出的功率并不能和客户安装使用时的功率完全等同，因为这个过程中会存在较大的功率衰减，也就是初始光致衰减，一般简称光衰。虽然光衰会在达到一定数值后趋于稳定，但依然会对电池的发电量以及后续的稳定输出造成影响。

对光衰影响最大的部件是上游的硅片，所以要想将光衰控制在小范围内，必须从源头下手。通威为了减小光衰，曾对硅片供应商提出要求，让它们在一年时间内将光衰值从 1.8% 降到 1% 以下。技术革新对于一家企业来讲固然是好事，但近 50% 的降幅对供应商来说的确存在技术难度。因此，不能一味地单方面要求供应商创新，而是要和它们联合创新，寻找技术上的突破。

初期，供应商给通威做相关知识培训，让通威的技术人员全方位地了解哪些东西会影响光衰。技术人员结合不同供应商的见解，研究、分析、总结后，再反馈给各个供应商。通过有意整合所有供应商的优势，实现技术升级。同时，光衰不单单是原材料的问题，还要考虑是否与制作工艺相匹配。于是，通威拿出自己的生产线，在厂内进行分工，在不同的工序为供应商提供不同的实验验证。在双方的合作下，原本的年度目标在第四季度就实现了突破。

通威在向异质结（HJT）技术演进的过程中也离不开供应商的帮助。捷佳伟创是国内优质的电池制造设备供应商，拥有 PERC 技术的整线供应能力。当 HJT 技术兴起时，由于生产流程全部革新，通威需要全新的设备以支持技术推进，捷佳伟创也需要研发可应用于新技术的设备，通威便派技术人员前往捷佳伟创实验室，双方共同商讨研发。通过上下游合力，捷佳伟创制造出湿法制程、RPD 制程、金属化制程三道工序的核心装备，为下一阶段的 HJT 技术完成布局；通威也在 2019 年制成第一块 HJT 电池，为通威太阳能成都基地四期项目和金堂基地的生产提供了基础保障。对于合作双方，这是一个双赢的结果。

其次，技术的发展方向是由下游客户决定的。如果说只是将创新重点放在厂内生产而忽略客户反馈，那就是脱离市场的行为。所以，通威要求管理层直接面对客户，因为在与客户的接触中，通威的创新意识无形中也会得到提升。

通威在刚开始生产太阳能电池片时最为客户所诟病的就是颜色问题，一个典型的组件中有 60 片太阳能电池片，有的是深蓝色，有的是浅蓝色，有的甚至是红色或白色，颜色差异主要源于镀膜环节。整个镀膜过程就是将太阳能电池片插入特殊的石墨舟中，再将石墨舟放进 PECVD 石英管中进行沉积镀膜。在石英管中沉积的时间不同，镀膜厚度会受到影响，呈现出或多或少的颜色差异，所以管与管之间会有差异，炉口跟炉尾之间的气流和温度差异也会导致镀膜颜色的差异。

2013年左右，行业内多是由人工插片，这种颜色差异被默认允许，因为它不影响太阳能电池组件的发电量以及寿命，只是颜色不一致的光伏矩阵在客户的主观感受中不易被接受。即便在2021年生产工序实现了自动化、智慧化，这一问题依然无法避免，看似没有差异的太阳能电池组件在特定的角度和光照下还是会存在细微的差异。

客户阿特斯太阳能提出了把电池片颜色调整一致的要求。以当时的技术来说，这是一个不小的挑战。通威把所有力量都集中起来，一个细节一个细节地调整，一根管一根管地对比，一个车间里仅负责调节和监控的员工就有40多人。半年时间内，通威太阳能成功地把电池片的颜色分档缩减到三个，遥遥领先于市场普遍的七个颜色分档，因此得到了阿特斯太阳能的高度认可。

客户的倒逼在短期内的确会让企业很痛苦。但从长远来说，也正是它们的严格要求，才让企业在短时间内迅速取得进步。而这正是在与客户合作的过程中共同努力实现的。这就是倾听客户的声音，与客户良性互动、联合创新取得的成果。

通威——光伏领域的"门外汉"——在时代潮流的大势下坚定向前，在全球光伏的道路上一路赶超。这既是企业经营的正道，也是人类可持续发展的正道。通威顺势而为，取得了应该取得的成就，完成了从追赶者到引领者的身份转变；在现在以及未来，通威将利用产业优势和技术创新，进一步推动中国及全球可再生能源的发展。

第三篇
绿色创新

◇◇◇◇◇

唯有创新才能前进。我们不仅要跨越山河湖海所造成的物理阻隔,超越错综复杂的政治分歧,更要在技术、机制、资本方面大胆创新。中国新能源的引领者们,要为没有航线的海域开辟出航线,要把无人涉足的领域变为百舸争流。

第七章

技术与效率

没有什么比通过技术创新推动和引领能源革命进而造福人类，更让人激动与兴奋的了。如何高效利用太阳能这种取之不尽、用之不竭的能源，成为新能源发展的破题关键。

相比于化石能源，太阳能的能量密度较低，能量转换过程相对复杂。所以，提高光能的利用率，是最根本、最关键的方法，也是整个光伏产业技术突破的核心。回溯光伏发电技术 100 多年的发展历史，不难发现技术演进主要体现在上游的硅料生产、中游的太阳能电池片制造、下游的光伏组件生产三个环节。而在未来产业将技术创新的着眼点放在何处，将关系到光伏产业穿越无人区的进程。

下一代电池技术

对光电转换效率起决定性作用的莫过于电池技术。从本质上看，光伏的发展史就是太阳能电池的发展史。1884 年，世界上第一块光伏电池板由硒材料制成，不到 1% 的转换效率却让人们抓住了光的尾巴。后来，贝尔实验室的几位研究人员用硅材料制作电池片，将转换效率提升至 2.3%。

但不论是晶体硒还是晶体硅，都是间接跃迁型半导体材料，在光电转换过程中对光的吸收有限，因此科研人员又在晶体电池之外，找到了其他制造成本更低、转换效率更高的薄膜电池技术。从20世纪80年代起，薄膜电池异军突起，用砷化镓、碲化镉、铜铟镓硒等材料制造的薄膜电池相继问世，实现了光伏电池最早的规模化生产和应用。

与此同时，晶硅电池也不落窠臼。通过在硅材料中掺杂少量硼元素得到了P型硅片，进而做成P型电池，引领了当时晶硅电池的风向。20世纪70年代研发的Al-BSF（铝背场）电池和2014年开始规模化量产的PERC电池均是用P型硅片制备而成的。

随着技术的进步和产业其他环节的带动，P型电池的制备技术日益成熟，目前可以大规模量产的电池转换效率已超过23%，远远地将薄膜电池甩在了身后。尤其是PERC电池，1989年首次推出后，一直被投以期待的目光，终于在2010年后开始了产业化进程。业界同人们只用了10年时间就已经将这一技术变成了成本最低、效率提升最快的技术。中国光伏行业协会(CPIA)的数据显示，2020年新建量产线PERC电池的占比高达86.4%。目前，PERC电池的理论转换效率极限是24.5%。[①]2021年，产业界的平均水平维持在22.8%左右，而通威量产的单晶PERC电池的转换效率已经达到22.9%；而且通过创新电池制程工艺，通威PERC M6大尺寸全面积(274.50cm^2)电池的转换效率达到了23.47%，创造了该尺寸下的世界纪录。

但不论是行业平均水平还是通威的最高制造水平，都与转换效率极限相去不远。这意味着虽然可以通过技术改进提升PERC电池的转换效率，但整体而言上升空间已经非常有限。

接下来，光伏产业的主流技术将向何处发展？这不仅是学界关注的话题，更是产业界密切关注的话题。如果企业选错了技术方向，或错失了技术创新机

---

① 根据德国哈梅林太阳能研究所（ISFH）的测算，PERC电池的理论转换效率极限为24.5%。

会，那必然会丧失未来。现在，学界和产业界已经把更多的研究重点投向了 N 型电池。

N 型电池是由 N 型硅片制成的电池，通过在硅材料中掺杂磷元素制备而成。由于磷元素与硅元素在物理上存在先天的低相溶性，硅片在制备过程中相较于掺硼工艺得片率并不高，而电池加工过程中的钝化技术也更复杂，目前仍处于行业探索阶段。更难的工艺和更高的成本带来的是转换效率极限的突破，在 P 型电池即将走到尽头时，N 型电池取而代之是未来的必然，其中 TOPCon、IBC、HJT 三种技术的可能性更大。

2013 年，德国夫琅禾费（Fraunhofer）太阳能系统研究所的弗兰克·费尔德曼（Frank Feldmann）博士提出了 TOPCon 电池[1]的概念。此后，学界积极开展相关技术研究，推动工艺发展成熟。TOPCon 电池的理论转换效率极限为 28.7%，远高于 PERC 电池的理论转换效率极限。目前，产业界也已经能够生产出转换效率超过 25% 的 TOPCon 电池，包括通威在内的部分企业已经进入量产。而且，TOPCon 电池还有一个巨大的优势：它能够兼容现有的 PERC 产线设备。目前，我国的 PERC 产线设备主要是 2018 年后建设的，大多预留了用于 TOPCon 电池生产的改造升级空间。只需要在原本的产线上增加两道工序，就可以改造为新的产线，这大大降低了设备投入成本。

当然，TOPCon 电池也有其短板。首先，制作工艺流程较长。原本 PERC

---

[1] TOPCon 电池技术，即隧穿氧化层钝化接触技术。由于 PERC 电池的金属电极仍与硅衬底直接接触，而金属与半导体的接触界面因功函数失配会产生能带弯曲，并产生大量的少子复合中心，会对太阳能电池的效率产生负面影响。因此，有学者提出在电池设计方案中用薄膜将金属与硅衬底隔离的方案以减少少子复合，在电池背面制备一层超薄氧化硅，然后再沉积一层掺硅薄层，二者共同形成钝化接触结构。超薄氧化层可以使多子电子隧穿在进入多晶硅层的同时阻挡少子空穴复合，进而电子在多晶硅层的横向传输被金属收集，极大地降低了金属接触复合电流，提升了电池的开路电压和短路电流，从而提升了电池转换效率。

电池的工艺流程分为 8 个环节：制绒、扩散、刻蚀、退火、正面氧化、正 / 背面镀膜、激光开槽、印刷。而 TOPCon 电池在此基础上增加了两个环节：穿氧化层和多晶掺杂，一共 10 个环节。环节越多，工艺越复杂，产品良品率的挑战就越大。其次，目前 TOPCon 技术从硅片到电池的转化成本，即电池非硅成本，比 PERC 技术高出 25%～30%，需要进一步提效降本。但随着未来增效、降本、良品率提升、量产规模扩大，成本肯定会下降。

HJT 技术[①]也是前景广阔的新技术之一。早在 1974 年，HJT 结构就被学界提出。但是，随后日本三洋集团获得了 HJT 专利权，导致这一技术长时间被日本垄断。直到 2010 年三洋集团核心专利过期，技术垄断被打破，我国产业界才开始了正式的工业化探索。与 PERC 电池相比，HJT 电池有三大优点：

转换效率高。PERC 电池在实际应用中最高的转换效率约为 24%，而以 PERC 为代表的传统同质结晶硅电池的理论转换效率极限不过 24.5%，这是由晶硅的化学性质及物理性质决定的。与之不同的是，HJT 电池正面和背面 100% 的面积都由非晶硅钝化，再用透明导电膜 TCO 覆盖，实现了几近完美的钝化结构，量产电池的开路电压超过 745mV，远远超过 TOPCon 电池的 710mV 和 PERC 电池的 690mV。理论光电转换效率的极限高达 28.5%。另外，HJT 电池具有由晶硅与非晶硅结合的双面对称结构，电池背面的发电效率可以达到正面的 95%（即双面率 95%），这比 PERC 电池的 70% 和 TOPCon 电池的 80% 高出了很多。PERC 双面电池发电效率本就高出单面电池 10% 左右，而 95% 的双面率使其相较于其他工艺路线拥有明显的光电转换效率优势。HJT 电池有更低的温度系数，这样在高温环境下比 PERC 和 TOPCon 电池发电效率更高。

---

① HJT 电池的全称是非晶硅薄膜异质结电池，因由两种不同的半导体材料构成异质结而得名。HJT 电池主要包括 N 型硅片及基极，在正面、背面都采用非晶硅薄膜形成异质结结构，正面使用本征非晶硅薄膜和 P 型非晶硅薄膜沉积形成 P-N 异质结，背面使用本征非晶硅薄膜和 N 型非晶硅薄膜以形成 N+ 背场、双面 TCO 膜及双面金属电极。HJT 电池正背面结构对称，适用于双面发电。

通威股份发布的 2021 年一季报显示，通威股份 HJT 电池片的最高转换效率已经达到 25.18%。而在 2021 年 11 月底，通威股份 HJT 电池片在德国 ISFH 认证测试中的效率达到了 25.45%。随着技术的不断进步，未来 HJT 电池片还有更大的发展潜力。

工艺流程简单。用 PERC 技术生产电池片，从开始的制绒到最后的金属化共需经历 8 道工序，其升级版 TOPCon 技术则要在原有的基础上增加 2～3 道工序。反观 HJT，其核心生产工艺为薄膜沉积，全流程工艺只不过制绒、沉积、镀膜、丝网印刷 4 步。工艺流程的简化一方面可以提高生产效率，另一方面可以大大提高产品的良品率。

稳定性强。HJT 电池在晶硅表面添加了非晶硅作为缓冲层，在对表面起到钝化作用的同时，优化了与银接触的性能，从而提高了内部空穴寿命。一般 PERC 组件在投入使用 20 年后，发电效率只剩 80% 左右，而 HJT 组件在使用 25 年后依然可以保持 90% 以上的出厂转换效率。根据测试，使用效率同为 22% 的 PERC 电池组件和 HJT 电池组件，后者的发电量要高出 10%。

按照 2021 年的水平，HJT 电池的成本约为 1.22 元/W，相比 PERC 电池高出 0.57 元/W，所以 HJT 电池还只是以实验线的形式出现在工厂。但包括通威太阳能、东方日升、华晟在内的企业已积极投建 GW 级的 HJT 相关项目，其中通威太阳能 1GW HJT 电池项目已于 2021 年 7 月实现第一片电池下线。该项目为行业首条 GW 级产线。

IBC 电池，即交叉指式背接触电池，也是未来可能发挥作用的技术。这种电池的特点是正面无金属栅线，所有的工艺结构都集中在电池背面，有效地避免了对正面光线的遮挡，最大限度地提高了光的射入量，进而提高了光电转换效率。

自 1975 年提出背接触式太阳能电池概念以来，经过 10 年的发展，科学家终于在1985年成功研发出首片IBC电池，其实验室光电转换效率达到了21%。之后的20年，IBC电池并没有取得实质性的突破，只有在2004年，才由美国SunPower公司通过点接触和丝网印刷技术实现量产，不过转换效率依然只有21.5%。到2014年，SunPower已推出三代IBC电池，最高转换效率也只有25.2%[1]。IBC电池近半个世纪以来发展缓慢，主要在于制作工艺难以突破，并且成本太高。

这种电池的结构核心是解决P-N结、金属化接触和栅线几个部分的间隔排列问题，对扩散掺杂、钝化镀膜及金属化栅线几道工序提出了极高的要求。这种工艺及结构的难度，远大于目前市场上所有的晶硅电池，因此IBC电池的产业化发展缓慢。未来，IBC电池的发展方向是与其他电池融合，如与HJT电池结合形成HBC（heterojunction back contact）结构，这种电池在2017年实现了26.6%的转换效率。当然，离量产还有很长的一段路。

能源革命绝非一朝一夕就能实现的任务。从碳中和的长期维度来看，我们不仅要重视当前的技术成本和效率，还要看到其潜在的发展能力。如果说未来5年内市场会在N型电池中的TOPCon、IBC、HJT间做出选择，那么以钙钛矿太阳能电池（perovskite solar cells，PSC）为代表的叠层电池，或许将是十年后甚至更长时间的技术路线。叠层电池是晶硅电池和薄膜电池的有机结合，通过在HJT电池或TOPCon电池上叠加一层钙钛矿薄膜，以叠层电池的结构，提升晶硅电池的转换效率。

钙钛矿太阳能电池是利用类似钙钛氧化物的有机金属卤化物半导体作为吸光材料的太阳能电池。2009年，日本学者宫坂力（Tsutomu Miyasaka）率先完成钙钛矿电池实验，并取得了3.8%的光电转换效率，但由于液态电解质会

---

[1] 中信证券.光伏电池专题报告：N型接棒，开启电池发展新阶段[R].2021-06-17.

溶解钙钛矿材料，所以这次实验在几分钟后便宣告失败。通过这次实验，学界开始注意钙钛矿的光伏发电价值，通过钙钛矿涂层加工硅太阳能电池，可以更高效地促进电池吸收蓝光光子，从而有望打破常规硅电池33%的理论转换效率极限。十年间，科学家们不断对钙钛矿材料和结构进行改善，到2020年，钙钛矿太阳能电池的转换效率已经提升到29.15%，远超单晶硅太阳能电池的最高转换效率，并且从理论上来说，钙钛矿太阳能电池的最高转换效率在40%以上，所以依然有很大的改进空间。

虽然转换效率得到了质的提升，但钙钛矿电池的寿命依旧是一个世界难题，即使有人将电解质从液体转换为固体，钙钛矿电池在长期光照加热的条件下结构依然容易被破坏，电池寿命常以小时为计数单位。另外，由于技术路径尚未确定，与钙钛矿电池技术相配套的设备、材料研究进展较慢，实现产业化还需等待。

除了叠层结构，多结结构也是未来电池技术的一种可能。当前太阳能电池普遍依靠单一P-N结吸收太阳光谱，局限性较大，而多结电池通过串联多个子电池，实现了太阳光谱的分段利用，拓宽了整块电池对太阳光的光谱响应波段，最高光电转换效率同样能突破40%。目前，砷化镓最有希望实现双结、三结甚至五结结构，但该技术仍停留在探索阶段，关于材料选择、电池结构，包括整个电池系统的设计，仍然需要长时间的探索。

除了以上几种技术，还有一些技术具有研究价值，但是没有产业价值。比如，曾经有人提出利用稀土材料制作电池板。稀土通常是指元素周期表中镧系及与镧系有关的17种元素，因为其特殊的电子层结构，很容易在光照下实现电子跃迁，因而从理论上来说是优于晶硅的光伏材料。但将中国全部的稀土开采并用于光伏发电，最多也只能达到100GW的装机容量，在日益增长的需求面前如杯水车薪，无法实现大规模工业化，只能是实验室里的尝试。综上，有关太阳能电池的技术路线如图7-1所示。

未来的太阳能光伏技术究竟能达到怎样的程度?"光伏之父"马丁·格林（Martin Green）在最新的研究中表明，截至 2021 年 5 月，光伏最高转换效率可达到 47.1%。[①] 这意味着能够将近一半的光能转换为电能，因而人类对太阳能的利用还有很长的路要走。

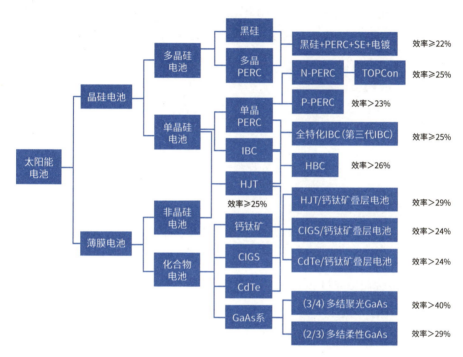

图 7-1 太阳能电池的技术路线

高纯晶硅的突破

过去 40 余年，晶硅电池在与薄膜电池的竞争中能够脱颖而出，离不开上游多晶硅价格和成本的大幅下降。每吨高纯晶硅的价格从上百万元降到七八万

---

① GREEN M, DUNLOP E, HOHLBINGER J, et al. Solar cell efficiency tables (version 57)[J]. Progress in Photovoltaics Research and Applications, 2020(5).

元[①]，硅料环节的规模效益，能够帮助企业以更低的价格生产出纯度更高的多晶硅，进而推进太阳能电池技术的发展。

硅在自然界中的储量十分丰富，但主要以氧化物和硅酸盐等化合物形式存在。要想将其应用于光伏发电领域，必须经过一系列的提纯工序。1955年，德国西门子公司成功创新出利用氢气还原三氯氢硅，在硅芯发热体上沉积多晶硅的工艺技术，并将这种方法命名为"西门子法"。此后50年，西门子法主导了全球绝大多数多晶硅的制取。

初期，在没有匹配冷氢化工艺技术之前，在得到多晶硅的同时，副产物四氯化硅不能得到闭环处理，需要支付较高的环保处理费用，而热氢化的匹配在还原过程中，还需要消耗大量能源，加上尾气回收成本等，种种原因导致多晶硅生产成本居高不下。

经过50多年的发展，越来越多的企业加入多晶硅的生产队伍，人力、物力、财力的全面投入带来了生产工艺的持续优化，最终形成了改良版西门子法。相较于传统西门子法，改良版西门子法在生产环节中加入了尾气回收装置，形成工业闭环，降低了原料损耗，减少了环境污染。现在，包括通威在内的许多生产商锐意革新，用冷氢化代替热氢化，把氢化还原与三氯氢硅合成放在同一道工序中，进一步降低了生产的"硬"成本。

硅烷流化床法正在步入正轨，有望在未来成为西门子法的重要补充。硅烷流化床法是以硅烷为硅源气，与氢气在流化床反应器内发生气相沉积反应，生成颗粒硅的工艺。由于硅烷自身的化学性质，其分解需要的环境温度低，副反应少，转换效率更高，这使得生产流程本身就能实现闭环，并且能耗仅为改良版西门子法的10%～20%，可以满足硅料生产的大规模复投，对于产量化

[①] 硅料价格具有波动性。

来说意义重大。

但是，这一技术的缺点也同样明显，能耗降低对应着产品品质的下降。通过西门子法生产出的晶硅最高可达电子级（EG），而颗粒硅的纯度目前只能达到太阳能级（SOG）；生产过程中常出现氢跳、堵塞等问题，良品率得不到保证。根据中国光伏行业协会（CPIA）的数据，截至2020年，颗粒硅的产量在所有硅料中的占比仅为2.8%，硅烷流化床法要成为行业主流技术还有很长的一段路要走。

除了改良版西门子法和硅烷流化床法，行业内还有众多没有得到大规模使用的技术，包括冶金法、气液沉积法、碳热还原法、铝热还原法等，这些技术要么成本居高不下、要么不能达到较高的良品率。也许未来通过众多科研工作者的共同努力，新技术能够在产业实践中大放异彩。

不管是改良版西门子法还是硅烷流化床法，高纯晶硅生产作为大化工产业，具有投资金额大、投产周期长、产能弹性小等特点，是典型的资本密集型产业。该产业需要大量的资本投入，而随着产业规模的增大，单位成本会越来越低，企业利润也将顺势提高，最终形成规模经济。

到2020年，高纯晶硅生产的规模效益开始凸显，在产企业的规模普遍在万吨以上，单位产品硅耗、综合电耗都实现了显著的下降，在产品品质上升的同时，成本一路下跌。

预计到2050年，全球对晶硅的需求将达到434万吨，较目前增长9倍左右，年均增速将达近10%。[①] 产业界需要更加便宜、高效和绿色的高纯晶硅。

---

① 华安证券. 低成本和融资能力双轮驱动，多晶硅强者恒强[R].2021-03-02.

提升组件综合效率

太阳能电池相当于集成电路的芯片,虽然在光电转换效率中起决定性作用,但必须经过封装加工为电池组件才能发挥作用。因此,组件的综合制造能力决定了光伏太阳能的最终转换效率。

作为最后的组装流程,其工艺并不复杂:首先用单片焊接和串联焊接将电池片连接在一起,再通过压层将电池片和玻璃、EVA胶膜、背板等组装在一起,之后就是修边、清洗、连线等收尾环节,只要通过了电性能测试,组件就能上市销售。

由于技术门槛较低,过去组件的主要发展方向是降本。组件的成本包括硅成本和非硅成本,其中硅成本是指晶硅电池片的成本,过去十余年,依靠中上游的努力,硅成本的占比已从90%降至50%以下;而电池片以外的都是非硅成本,主要是铝框、玻璃、胶膜和背板四个封装环节的辅助材料成本,由于其具有大宗商品属性,价格波动大。

因此,在降本空间持续缩小的情况下,通过技术创新提高转换效率,是未来组件环节的任务重心。相同的电池片,影响其功率的主要因素是受光面积,考虑到这一点,行业内涌现出多种组件结构,其中包括半片电池组件、多主栅电池组件、双玻电池组件、叠瓦电池组件等。

(1)半片电池组件。这种技术是用激光将电池片一分为二,使内部电流减半,以降低内部电流损耗,从而增大功率。除了在生产中添加激光划片机,没有其他新投入,已成为当前组件的主流技术。但问题在于封装焊接的难度增大。在解决封装焊接的良品率问题后,预计市场规模还将扩大。

(2)多主栅电池组件。如果我们把电池的细栅看作乡间小路,那么主栅就是高速公路。高速公路的条数(主栅数量)越多,乡间小路就越少、越小。

因为栅线都是用银浆印刷上去的,所以多主栅可以非常有效地降低银耗,从而降低成本。2017年,该技术在市场出现;2019年,部分制造商将半片技术与多主栅技术叠加使用,从而使单位组件的功率提升了10W以上;到2020年,半片+多主栅的封装工艺成为市场主流。

(3)双玻电池组件。双玻电池组件是伴随着PERC电池成为主流电池技术应运而生的组件技术。PERC电池的正面和背面都有透明介质膜,把原来背面全覆盖的铝浆改为铝栅线,PERC电池就变成了双面电池,即光线从正面或背面射入都可以实现光电转换(见图7-2)。在组件端,将组件背板变成玻璃,加上PERC双面电池,就可以做成可双面发电的双面组件,就能提高5%～30%的单位面积发电量。这种结构的主要缺点是组件过重、玻璃成本居高不下等。但随着薄玻璃生产技术趋向成熟,这些问题已得到初步的解决,到2025年市场占有率有望达到60%左右。尤其是在渔光一体等临水光伏发电项目中,这一技术有较大的发展前景,因为水面反射的阳光使得电池板的背面也可以进行光电转换。

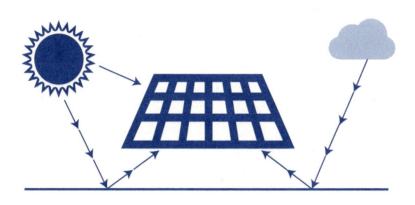

图7-2 双玻电池组件发电模式

(4)叠瓦电池组件。这一技术是将常规的电池片切分为4～6个小片,利用导电胶将其叠加连接,实现各电池小片间的无缝连接,并通过叠瓦实现

110%电池片的容纳量（见图7-3）。理想情况下，叠瓦电池组件称得上是组件的终极解决方案，但几百个电池小片的精准焊接对设备和电池片本身有着极高的要求，良品率问题难以解决。

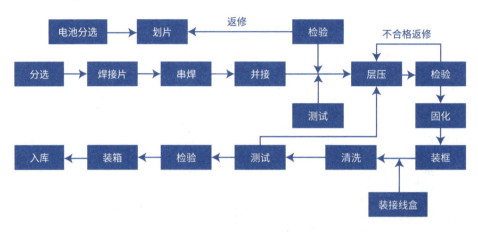

图7-3 组件生产流程

除了改变组件结构，大尺寸也是光伏电池的另一大发展趋势。在2010年之前，电池片的尺寸通常为100mm和125mm；2010年后，市场开始出现向大尺寸发展的趋势，但受制于生产设备和下游需求，在过渡期只有部分厂商开始供应156mm电池片；2012年后，156mm电池片逐渐增多，在取代过去小尺寸电池片的同时，156.75mm电池片也开始崭露头角，虽然边长只增加了0.75mm，但在整体尺寸相当的60片电池组件下，156.75mm电池片可以将组件功率提升至5W以上；2014年底，小尺寸电池片已在市场销声匿迹，156.75mm一跃成为市场主流规格。

尺寸的变化趋势比想象中的要快很多。自2018年开始，大尺寸电池片开始迅速迭代，长期霸占市场的156.75mm电池片开始显露颓势，158.75mm、161.7mm、166mm、182mm、210mm等电池片你方唱罢我登场，更大尺寸成为市场风向。截至 2020 年，166mm 及以上大尺寸电池片逐步成为市场主流。

考虑到边际效用，未来电池片的主要竞争角色是 182mm 与 210mm。从硅片的生产角度来说，182mm 电池片可能更具性价比，但从产业链来看，210mm 电池片相对更具有优势。

大尺寸的崛起源于两方面：

其一，提高组件功率和效率。以主流 PERC 电池为例，2×72 半片 156.75mm 电池组件的功率在 400W 左右。而 2×66 半片 210mm 电池组件的功率达到 660W，提高了 65%！组件效率即组件功率除以组件面积，也因为大硅片的导入而提高。首先在相同片间距、串间距的情况下，大硅片相对于小硅片有更大的"屏占比"；另外，210mm 电池组件还缩小了电池片之间的间距，使得屏占比进一步提高。在电池片效率相同的情况下，210mm 电池组件比 156.75mm 电池组件效率提升 0.7%（绝对值）左右。

其二，降低电池、组件和系统发电的成本。在电池和组件的生产过程中产能都是以"片"来计算的。在生产设备允许的情况下，相同时间内生产大尺寸电池片和小尺寸电池片的片数基本相同，但产能（即瓦数）随着电池片面积的增加而相应增加。所以单位瓦数的摊销成本更低，生产效率更高。210mm 电池片相比 158.75mm 电池片，非硅成本降低 10% 以上。[1] 高功率、高效率的大尺寸组件也会带来 BOS 成本、安装成本的大幅度下降，从而降低系统成本和光伏电站的度电成本。

将阳光储存起来

太阳东升西落的特性，造就了地球上风格迥异的白天和黑夜。昼夜之间，

---

[1] 华泰证券. 光伏行业：大尺寸加速，电池片环节受益明显，维持"增持"评级 [R]. 2020-07-23.

太阳的能量不断循环、流动,这对人类稳定地利用太阳能造成了很大的困难。如果能将太阳的能量固定下来,实现随取随用,人类"驯服"太阳的能力便会再上一个台阶。

光伏产业是决定人类命运的战略性产业,而储能技术则是未来电力系统具备灵活性与稳定性的重要保障,是光伏产业链未来发展的重要节点,也是实现能源转型的关键技术之一。如果储能技术能在未来得到广泛应用,光伏发电就能摆脱太阳能间歇性的束缚,实现电能在时间上的转移,有助于对可再生能源的调峰及平稳输出。

储能具备削峰填谷的功能,但是到目前为止,全球光伏储能技术都还处于萌芽阶段。对于储能行业来说,前面是真正的无人区。没有人知道未来的储能是什么样子,也没有人知道谁是储能领域的带路人。只能靠这条路上的先行者拧成一股绳,不断摸着石头过河,不断拓展储能的未来想象空间。

虽然神秘莫测,但储能的发展方向也并非无迹可寻。光伏产业大发展的春风已吹来,形形色色的储能技术先后涌现。以重力储能、弹力储能、动能储能、储冷储热、超导储能和超级电容器储能为代表的物理储能,以及以二次电池储能、液流电池储能、氢储能、化合物储能、金属储能等为代表的化学储能在储能路径上提供了广泛的选择。

目前,利用势能差储存能量的抽水储能是电力系统中应用最广泛的一种技术。这种储能方法一般配备了上、下游两个水库,当电力富余时,利用过剩的电力驱动水泵,将水从下游水库抽至上游水库保存起来,本质上是将电能转化为势能储存。等需要用电时,再将上游水库的水下泄,将势能还原为电能。虽然整个过程会导致能量流失,用 $4kW \cdot h$ 的电抽水后只能发出 $3kW \cdot h$ 的电,但由于可以高效地储备大量电能,对稳定电力系统有十分积极的作用。

截至 2020 年,世界蓄水电站的总装机容量已超过 150GW,占全球储能装机规模的 90% 以上，是当前唯一广泛采用的大规模储能技术。

蓄电池储能则是各类储能技术中最具发展潜力的一种，其全球装机量仅次于抽水储能。这种技术通常依靠电池正负极的氧化还原反应实现储能与放电。相比于抽水储能，蓄电池不受地理条件影响，可以灵活地应用于各类场景，尤其是独立型光伏系统多采用蓄电池作为储能方式。市面上常见的蓄电池包括锂离子电池、铅酸电池、液流电池、镍氢电池等，其中最被看好的莫过于锂离子电池。

锂离子电池由于能力密度高、使用寿命长、安全效益好，在所有蓄电池中应用最广。随着技术的发展，特别是在新能源汽车的带动下，锂离子电池的安全性和能量密度进一步提升，未来有望带动储能行业的新变革。《世界前沿技术发展报告 2020》指出，2019 年美国的研究人员就已经开发出一种容量更高、更安全的半液态锂金属阳极，其使用寿命和能量密度都显著高于传统锂电池阳极。此外，科学家们还发明出一种新型涂层，可显著延长电池的寿命，同时使电池的安全性更高。

除了这两大储能技术，还有各种各样的储能技术，在萌芽状态即呈现出一种大争之势，给人一种争先恐后的感觉。不过，从能量密度角度来分析，众多技术依然处于相互竞争的早期阶段，几种潜力技术都各有优点。

比如说氢储能系统，其关键就在于电和氢的相互转换。氢储能的主要思路是利用光伏发电，用富余的电能制氢，然后将所制的氢储存起来抑或供下游产业使用，以此起到调节能源的作用。

当电力系统的负荷增大时，储存起来的氢能可利用燃料电池进行发电，实现削峰填谷，并确保电网安全。氢储能系统中燃料电池等先进能源的生产、转换和消费链非常关键，而氢储能技术的进一步发展对光伏发电时间性的平衡将大有助益。但正如我们在前文介绍氢能时所讲述的，氢的使用受限于成本与安全性，只有解决了这两个问题，氢储能才能够实现大规模应用。

又比如超导储能系统。通过超导线制成的闭合线圈将电能以磁场能量的形式储存起来，不仅具备长期低损耗甚至无损耗的储存能力，还可以在电网需要调度时快速将能量释放。目前这种技术严重受限于高昂的成本，未来随着技术的发展，解决经济效益问题后有望成为主要储能手段之一。

储能领域多种技术遍地开花、齐头并进，拓宽了储能的发展空间。未来，储能方法必定会更加多元化，对储能技术的应用也会更加复合，从而支撑光伏产业的进一步发展。

在全球储能竞争格局中，中国起步较晚，但势不可挡，属于"砌墙的砖头"——后来居上。

尤其是近几年来，中国储能产业的发展速度和活跃程度令世界瞩目。《储能产业研究白皮书2021》显示，2020年中国新增储能装机容量达3.2GW，其中累计装机规模达到35.6GW，占全球累计装机容量的18.6%。在努力实现碳中和的背景下，我国储能产业开始迈入规模化发展阶段，有望在"十四五"期间实现装机容量增长5倍，从而推动亚太地区储能技术的发展。

储能技术是光伏产业需要突破的最后一个堡垒，一旦其能量得到释放，人类利用太阳能的能动性就会更强。人类甚至能做到像利用化石能源一样，随处搬运、随处使用，而不是像以前一样，靠天取光、量地求源。

第八章

税收、机制与市场

在新能源发电占比提高，并具备转型总体条件的情况下，我们需要进一步进行顶层设计和统筹，构建更具包容性、灵活性和促进绿色低碳的机制体制，为经济变革和能源变革保驾护航。为助力能源全面转型，需要进一步优化新能源的发展机制，组织则需要进一步匹配，从供给侧、输配侧、消费侧三个方面构建安全、稳定和高效的未来电力系统。

电力系统的难题

2021年2月，北极超强冷空气席卷而下，直击美国南部的得克萨斯州。极端天气导致得克萨斯州大范围停电，影响人口超过400万。在供需极端不平衡的情况下，电价疯狂飙升，批发电价高达1万美元/MW·h，相当于每度电65元，是平时的近200倍。在断电、断水和极端严寒的环境下，当地经济遭到重创，更有数十名美国人被冻死。人们难以想象这是发生在美国的电力短缺事件，更难以想象这还是发生在美国能源第一大州的灾难。

为什么得克萨斯州的电力系统如此不堪重负？得克萨斯州联邦众议员丹·克伦肖（Dan Crenshaw）在个人社交媒体上公开指责得克萨斯州的新能源无法承受严寒侵袭，发电装置的宕机导致全州范围内的电力系统崩溃。在他眼中，新能源的不稳定性是冬季能源短缺的罪魁祸首。

但是，在我们看来，主要原因并非如此。根据得克萨斯州电力可靠性委员会（ERCOT，电网运营商）发布的数据分析报告，在2020年得克萨斯州的发电构成中，燃煤发电占18%，天然气发电占46%，核能发电占11%，风能发电占23%，太阳能发电占2%。由此可见，得克萨斯州主要的能源供给来自天然气、风能，而太阳能发电与风能发电占比达到了25%。从这个数据来看，新能源确实成为影响能源供给稳定性的因素，但真正的罪魁祸首还是落后的电力系统。

首先，美国不存在可以发挥统筹调度功能的国家电网，每个州的电网都像一座座孤岛，处于自给自足的状态。孤立的电力系统面临很大的挑战，电力平衡只能在本区域内完成。其次，美国电力系统老化严重。根据美国能源部的统计，得克萨斯州70%的输电线路和变压器的运行年限超过25年，60%的断路器的运行年限超过30年，陈旧的基础设施是稳定供电所面临的巨大挑战。另外，电网系统没有配备相应的储电设备，当得克萨斯州近一半的风力发电机因结冰停摆时，电力供应锐减，难以得到有效平衡。

所以，在得克萨斯州是电力系统的不完善导致了灾难的发生。这一判断后来得到了印证。在经历了寒潮暴雪之后，2021年夏天得克萨斯州的电网又断电近1 300次，电网的承受能力再次受到考验。

得克萨斯州的情况虽然并非大力发展新能源所导致，但实际上新能源占比的不断扩大确实会给电力系统带来较大的挑战。

2020年冬季，寒潮来袭，我国多个省份出现限电情况，其中限电范围最大的省份是湖南。湖南是可再生能源发电比例居全国前列的省份。截至2019年底，湖南的清洁能源发电装机容量达到2 594万kW，装机比例达到54.8%，装机比例居全国第七，其中水电、风电、光伏发电装机容量分别为1 744万kW、427万kW和344万kW。湖南清洁能源发电量为962亿kW·h，比例达56.6%，位居中东部第一、全国第四。冬季是枯水期，水力发电减少；寒潮来袭，光伏发电和风力发电减少。但是，在能源需求端，随着经济的发展，能源需求一直上升，而且冬季供暖、照明等需求增加，能源供需矛盾突出。见微知著，在湖南限电的缩影中，我们可以看到当前能源转型和电力供应之间存在的普遍矛盾。

又比如发生在2019年的英国大面积停电事件。居民用不上电，城市交通瘫痪，工业生产停止，波及总人数超过百万。起因是海上风电的一个设备损坏，导致电网的频率出现波动并自动脱网。发生大面积停电的英国，其可再生能源发电装机比例约为47%，同时具备良好调节性能的天然气发电装机比例超过40%，即便如此，还是因为电力系统缺乏转动惯量而发生电网宕机。此次事件，让我们清醒地认识到传统高惯性电网导致能源在转型过程中存在荆棘。

这些现象生动地体现了新能源的特点：极热无风、极寒无光、晚峰无光，具有较大的不稳定性。随着新能源发电并入传统电力系统，电力的波动性逐渐增大。并且随着新能源发电比例提高，电力系统的不稳定性也将增大。这为电力系统创造了转向绿色能源的机遇，但同时也对现行电力系统提出了更高的要求。现阶段的电力系统，并不能适应新能源比例逐渐上升的能源体系。基于光电等可再生能源比例提高的现实情况，我们必须建立起适应以新能源为主体的能源结构的电力系统，才能兼顾能源转型和能源安全。未来，中国必须建立起更安全、低碳和高效的新型电力系统，使新能源电力对电力系统更加友好，从而实现长期的良性系统生态。

而要建立面向未来的电力系统，必须从供给侧、输配侧、消费侧三个方面进行机制改革。

供给侧：税费改革促进企业发展

供给侧的改革，就是大力推动新能源企业的发展。增加光伏发电、风电等新能源电力的供给，使之能支撑起能源转型的重任。简言之，就是让新能源成为电力系统的主要供电来源。

应如何推动新能源企业的发展？长期以来，世界各国纷纷通过财政补贴的方式，带动产业发展。比如，2004 年，德国率先推出《可再生能源法案》，当年并网补贴价格为 0.57 欧元 /kW·h；英国能源与气候变化部出台政策，以 43 便士 /kW·h 的价格回购光伏产生的电力；法国、意大利、西班牙等欧洲国家，也先后公布光伏补贴的标准与价格，推进新能源事业在本国的发展。

中国也是如此。2012 年，光伏产业遭遇"双反"寒冬。正是我国强力运用宏观调控政策，对新兴光伏产业进行托底，才没让中国光伏产业在寒冬的冲击下消逝。2013 年，在国外市场被封锁的局面下，我国启动大规模光伏补贴新政，大力刺激国内需求，年初出台标杆电价补贴政策，年底国内行业的增速就达到了 212.89%。政策激励使行业从谷底迅速走了出来，不仅让光伏产业走出了"双反"封锁困局，还使其在活跃的国内循环中一跃成为世界第一。中国光伏产业从"三头在外"，发展至"三个世界第一"，经历了迅猛而跌宕的发展过程。在这一过程中，补贴政策功不可没。

但是，补贴政策也有弊端。比如，补贴资金缺口就是光伏产业面临的一大问题。国家发展改革委、财政部、国家能源局联合印发的《关于 2018 年光伏发电有关事项说明的通知》显示，早在 2017 年底，我国可再生能源补贴资金缺口已达到 1 000 亿元，其中光伏补贴资金缺口占到一半左右。巨额的资金缺口影响到光伏产业的正常运转。财政补贴非但没有对供给产生促进作用，反而变成一种拖累。"去补贴化"是光伏产业良性发展的必然趋势。运用市场机制促进产业发展是未来的主要选择。

其中，税收政策是进一步释放供给侧能量的重要手段。

2020年，国内光伏企业把光伏发电的最低度电成本降到了三角一分，与当时煤价下二角八分的火电度电成本相比，仅有3分钱的差距。实际上，三角一分的成本价是非常不易的成果，因为与火电相比，光伏产业的非技术成本占比较大，税收、土地租金等费用高昂，占总成本的20%以上，而火电除去燃煤费用和设备折旧，其他所有成本加起来才占10%～15%。在所有非技术成本当中，制约我国光伏发电迈向平价上网的最大因素，莫过于高额且反复的税费负担。光伏发电的税费，存在于产业链上、中、下游的各个环节。工厂建设时的土地使用费、房产税，以及每个环节的企业所得税、增值税等，最后都会以电价的形式在并网时呈现。

作为全球光伏制造和应用的第一大国，我国本应在成本上拥有绝对优势，但高额的税费负担反而使得国外的光伏发电成本相对更低。对比来看，许多欧美国家对光伏产业的税收扶持力度大、针对性强，也更具延续性。比如，德国对太阳能发电直接免征增值税，设备投资额的12.5%～27.5%可享受税额抵免；在美国，对于使用光伏发电系统的法人和居民，其设备投资额的30%可享受税额抵免。

因此，美国和中东等一些财务费用、资金成本较低的地区，通过利用中国生产的组件和系统，早已在2017年实现光伏发电2美分甚至低于2美分的发电成本，约合人民币0.16元。2020年1月，卡塔尔报出1.57美分/kW·h的价格，约合人民币0.11元/kW·h，成为当时全球光伏电站最低中标电价。接近1角钱的上网价格，比目前国内度电的税费成本还低。由此可见，较高的税费负担，成为阻碍行业实现真正市场条件下平价上网并持续健康发展的主要原因之一。

我们如果要为光伏发电提供一条绿色发展通道，就需要提出新的税费减免方案。针对光伏发电的行业特性，可以优化光伏产业税率，宽税基、轻税负。在税收总量保持稳定或略有增长的情况下，以我国的财力来看，我国完全有条件支撑起对光伏发电的税费减免。

在具体方案上，首先可以参照小型水力发电项目的增值税政策。水力发电和光伏发电一样，都有前期投资大、投资回报期长的特征。但是，对于小型水力发电项目，国家已出台多项增值税减免政策，其增值税征收率"依照3%"。同样作为可再生能源的光伏发电，目前却仍承担着超过8%的增值税实际税负。因此，可以将光伏发电纳入依照3%征收率的简易征收范围，同时光伏发电增值税即征即退50%的政策应尽快予以延续等。

另外，对光伏产业实行利息成本进项税额可抵扣。因为光伏产业链的各环节都需要大量固定资产投入，资金占用量大、占用时间久、投资回收期长，加上企业融资难、融资贵，所以利息成本在项目成本中占有很大的比例。但与利息成本对应的增值税却无法享受进项税额可抵扣，进一步加重了企业的税费负担。我们需要持续深化增值税改革，解决抵扣难点问题，参考购进农产品进项税额抵扣的方式，允许企业依据实际支出的利息费用，按贷款服务6%的税率比例计算可抵扣的进项税额。

又或者，对光伏发电企业实行存量留抵退税。建议在实行增量留抵退税的同时，对未享受存量留抵退税的光伏发电企业实行一次性退税，进一步减轻企业的资金压力。也可以对无补贴光伏发电项目实行所得税免税政策。建议在对有补贴光伏发电项目执行三年免征、三年减半征收所得税政策的同时，对无补贴光伏发电项目免征所得税。

税费的减免，是实现光伏发电平价上网转型的助推器和加速器。通过减免可再生能源税费，能进一步减轻光伏发电企业的负担，实现保市场主体、稳投资、稳就业的目标，有效地释放光伏产业的发展活力，加快我国能源转型的步伐。

对新能源企业的减税必然会造成整体税收减少，这减少的部分应该从哪里补充呢？碳税可以成为来源之一。传统化石能源企业、高排放高污染企业，是排放二氧化碳的大户。在碳中和目标的背景下，理应对碳排放征税。通过对这些企业征收合理比例的碳税，约束它们污染环境的生产行为，不仅能促进它们节能减排，同时可以弥补对新能源企业减税造成的税收损失。

何为碳税？顾名思义，是一种与碳有关的税收，具体来讲就是针对企业或个人的碳排放量而征收的税。以电力产品为例，当电作为商品在市场上流通时，可以分解为容量、电量、辅助服务和绿色属性四个部分。我国电力系统以往只是对容量、电量和辅助服务征税，绿色属性没有被纳入征税范围。以化石能源发电为代表的传统电力不具备绿色属性。相应地，新能源生产的电力，绿色属性突出，应该享受税费减免。碳税将企业碳排放的负外部性内部化，让减排的成本沉淀在了企业的生产成本中。因此，在应对气候变化的各种环境机制中，征收碳税被认为是最有效的经济手段之一。

欧盟是全球碳税征收最为成熟的地区，已经探索出了两种征收方式。一种是将碳税作为一个单独的税种，代表性国家为芬兰、瑞典和挪威等；另一种则是将碳税与能源税或者环境税相结合，以意大利和德国为代表。两种碳税征收方式各有特点，但比较起来，将碳税与能源税或环境税等其他手段结合起来的方式，更能促使高排放企业采取切实有效的行动，降低碳排放。

我们认为征收碳税能进一步增加碳排放成本，从而促使煤炭、石油等化石能源的消费逐渐减少，这有助于解决我国大气污染及全球气候变暖问题。假设我国每年消耗 40 亿吨标准煤，这些化石能源全部燃烧将排放约 100 亿吨二氧化碳。如果设立 10～20 元（1.6～3.2 美元）每吨的碳税，我国每年可征收 1 000 亿～2 000 亿元的税。这些资金一方面可用于治理被高耗能、高污染企业破坏的生态环境，另一方面可用于补贴新能源等相关产业，不仅能减轻国家的财政负担，还能有效激发产业的发展活力。

当然，促进新能源的供给侧发展，税收政策改革只是其中一项措施。除此之外，国家也应出台相应的措施推动其发展。"绿证"制度便是其中之一。"绿证"是指电力绿色证书，是对非可再生能源发电量的确认及其属性的证明，以及作为消费绿色电力的唯一凭证，对应的可再生能源发电量等量计为消纳量。"绿证"可以自由买卖。卖方为国家风电和光伏发电项目，买方为各类政府机关、企事业单位、社会机构和个人。自 2017 年 7 月 1 日开启"绿证"制度以来，截至 2021 年 6 月 16 日，我国共有 2 753 名认购者认购了 75 810 个绿证。因为光伏发电绿证价格较高，到目前来看，"绿证"制度因未形成强有力的发展激励和约束保障，所取得的成绩并不理想。未来的"绿证"制度，要更多地与碳市场交易机制联动，以实现对光伏发电及其他新能源发展的大力助推。

除碳税、"绿证"制度等政策外，国家还可以将可再生能源发电全额保障性收购政策的执行情况和可再生能源电力的消纳责任纳入对地方政府、电网公司的考核范围；逐步将煤电机组转变为调峰电源；加快推动电力现货市场及辅助服务市场建设；等等。这些都是我国可为新能源变革提供的机制保障。

总而言之，在供给侧，促进税收机制的完善能够为绿色发展提供更多保障，为绿色变革保驾护航。就这一层面的意义而言，税收机制的完善不仅会助推光伏发电等新能源发电的供给侧平价时代早日到来，更会加快我国能源革命的进程，助力能源转型。

输配侧：能源输送机制变革

正如太阳能电池片的转换效率并不等于对太阳能的最终利用效率，供给侧的机制变革也不能一下子解决所有光伏发电发展问题，输配侧的机制必须跟上步伐。

我国的光伏发电、风电等能源中心与负荷中心呈现明显的逆向分布：西北部有丰富、优质的太阳能和风能资源，但是经济发展相对落后，能源需求不足；东南部人口密集，经济发展较快，电力需求巨大，但能源资源少。能源供需错位，导致了弃光、弃风问题。因此，探索大电网之间的连接非常有必要，尤其是要建立畅通的大电网输送网络，打破区域内不同省份间的电网壁垒，优化跨省协调运营方式。当下，我国对能源进行大规模、大方位的转移，形成了"西电东送、北电南送"的新能源发展格局。2020年，我国西电东送能力达2.6亿kW，全年共有2.1万亿kW·h的电量输送到东部。

但面对不断增大的输送容量、越发复杂的送电线路，输电网络正面临巨大挑战。线路损耗大、走廊占地多的问题也使过去的输电网络争议频频出现。可以看出，当前的输配机制并不适应新能源比例逐渐提高的能源结构，更难以支撑未来东南部地区对风、光资源的大规模、清洁化、经济性开发利用的需求。破解电力远距离传输和不稳定发电的难题，从而使新能源发电释放出巨大潜力，就成为新时期的发展重点。

我国在特高压技术上的突破和逆袭，恰好满足了"输送容量够大""送电距离够远""线路损耗够低""走廊占地够省"的现实需求。特高压是电力工业中的"5G"，其1 000kV的电压承载力超出一般220kV的"4G"高压线几个层级。

20世纪60年代，苏联、美国、意大利、日本先后开展特高压输电技术的实验研究，但均未取得进展，要么未能投入建设，要么被迫降压运行。在其他国家纷纷放弃时，中国迎难而上，开始驶向发展特高压的道路。

1986—2003年，中国科学家潜心攻坚，在三峡500kV和西北750kV两个大型输电工程上积累了成功经验，为特高压技术的上马创造了条件。从2004年起，国家电网公司联合多方领域的160多家单位协同技术攻关，连续攻克了特高电压、特大电流下的绝缘特性等世界级难题，更成功制造出多项领先世界的电工装备。其中，对核心部件1 000kV变压器的技术攻克成为解决特高压输电技术的关键。1 000kV变压器重达400吨，研制成功后，可使输电量提升3倍，输送距离提升2.5倍，输电损耗降低45%。这一科技重器保证了晋东南—南阳—荆门1 000kV特高压工程——我国第一条特高压输电线路的顺利建成。

值得一提的是，目前只有中国掌握了全套特高压尖端技术，只有中国有能力、有实力建成特高压输电网的超级基建。中国的输电技术，当仁不让地站在了世界顶峰。伴随着重要的输电线路如"蒙西—天津南1 000kV特高压交流输变电工程""榆横—潍坊1 000kV特高压交流输变电工程""晋北—江苏±800kV特高压直流输电工程"等开工建设，电力跨区输送能力得到大幅提升。到2021年，中国已建成"十四交十二直"共26条特高压工程线路，覆盖了七大区域的电网，最大限度地改变了我国能源资源与生产力布局逆向分布的问题。

比如，京津冀地区作为中国最发达的区域之一，是北方地区的电力负荷中心和重要的能源接收端。其中，张家口具有非常丰富的可再生能源资源。2015年底，张家口的风电和光伏发电装机容量已达到8GW，计划到2030年增长到50GW。而当地的电力需求仅为1.85GW，外送能力为5.5GW。为提高可再生能源的消纳率，改善区域的能源结构，2016年国家能源局建议将整个京津冀地区设为"可再生能源并网试点区"，从而既解决了京津冀地区的电力紧缺问题，也解决了张家口"弃风""弃电"的浪费问题。2020年7月，青海—河南±800kV特高压直流输电工程的双极低端系统正式运行，西北地区生产的清洁电力将借助这条能源通道，穿越青藏高原、秦岭输往中原，既为能源互联网的构建提供了现实参考，也证明了我国在特高压直流输电领域的绝对实力。

解决了远距离输电问题后，还要保证"最后一千米"的安全与稳定。新能源发电的间歇性导致其无法像传统火电一样持续为电力系统提供稳定的电压，一旦发生故障，骤降的电网频率将直接导致区域性停电，因此新能源电力极易脱网。

为有效解决新能源发电频率耐受能力不足的问题，我们需要着力推动科技创新与设备提升，构建智能电网。智能电网是对传统电网的加持和提升，主要变化是由单一的电能输送向优化能源资源配置升级。构建利用现代智能技术、信息网络技术、先进输电技术、新能源接入技术的智能电网，真正全面提高电力系统的智能化水平，优化电网资源配置，实现生产端与消费端的高度融合。特别是智能电网可大幅提升对新能源的消纳能力，既能做到信息和电能的双向流动，也可以降低电能损耗，保障电网的供电可靠性和电能质量。

除此之外，储能对电力系统的稳定性也具有举足轻重的影响。就技术层面而言，储能调峰可以应对大面积、长时间的阴雨天或静风天，减少风、光的波动性、随机性给未来电力系统带来的断供风险。但是，在机制上，合适的政策能够有效促进储能的发展。

结合储能技术的发展趋势，我国在未来政策制定方面，需要充分考虑储能在推动可再生能源消纳以及提升电网稳定性等方面的正外部性，设计合理的储能价格补偿机制和市场准入机制，通过市场化方式，充分发挥储能的调峰功能，从而持续优化储能发展模式，保障对可再生能源的有效消纳，助力可再生能源高质量发展。

2019年以来，各省市及电网公司陆续强制要求发电企业在投资建设光伏发电、风电等可再生能源项目时，按一定的容量配套建设储能系统，强制要求可再生能源发电项目配置储能设备。这种模式虽然从理论上有助于平抑波动性，但在实际操作过程中造成了新能源项目投资建设成本较高、充放电效率较低等较多问题。

鉴于电力系统的运行方式与局部消纳能力是实时变化的，在建设电站时，统一按一定比例配置分散式储能设施，先天就存在无法灵活调整、整体利用率偏低的缺陷。但是，如果由电网公司在网侧集中配置储能系统，因全社会将共同受益于扩大可再生能源消纳的正外部性，其成本由所有用户均摊，可以大大降低建设成本。而且可以支持发展系统侧集中式储能系统，并将抽水蓄能电站、储能基地纳入电力发展规划与统一调度范围。这样才能提高储能的利用效率、减少资源浪费。

在增强电力系统的稳定性上，还应加快电力辅助服务市场机制建设，引导并鼓励储能以独立辅助服务提供商的角色参与市场交易，发展储能市场化商业模式，减少储能系统的入网障碍，允许储能作为电源参与到供电服务中，并对储能提供的调峰调频服务等进行补偿。通过市场化方式，引入更多主体为实现未来电力系统的稳定性添砖加瓦，以充分发挥储能调峰的功能。

当然，仅在输配侧的储能环节引入市场机制是远远不够的，从供给侧到消费侧都应建立起市场化的体制机制，尤其是要充分鼓励发电端的清洁能源生产和需求端的电力消费，促进供需两端完美匹配。

消费侧：让市场自己说话

一直以来，我国的电力消费都具有较强的计划性，主要原因是在消费侧电价以政府定价为主导。这保障了电力资源的公共服务属性，为社会经济发展提供了可靠保障。但是，从 2015 年起，我国开始了"三放开、一独立、三强化"[①]的电力市场化改革，想以市场化机制促进电力市场发展。但是，改革进展缓慢，造成了电价信号扭曲。发电端电价滞后，需求端电价缺乏弹性，供需两端无法形成联动，不利于对可再生能源发电的消纳。在新能源发电占比提高并具备转型总体条件的情况下，电力系统需要在保障能源安全的条件下，在消费侧构建促进绿色低碳的电力市场，理顺电价关系，开放用电计划，赋予供需两端自主选择权，在保障电力市场稳定的前提下进一步提升清洁能源发电在电力市场的竞争力。

在这其中，电价是消费侧改革的核心。

自 1953 年起，我国开始在大工业领域实施两部电价制度。在这种制度下，电价由两部分组成：一部分是根据企业的用电需求量收取的基本电费，它反映的是用电存在的固定成本；另一部分是根据企业的实际用电量收取的变动电费，它反映的是企业的实际用电量。这种两部分电价叠加的模式可以通过电价刺激企业合理用电，从而提高电力系统的负荷能力。这种制度在推出后的近 70 年间，在我国工业领域一直普遍使用。

但是，在我国经济结构与能源结构调整的过程中，两部电价制度开始无

---

① 三放开：有序放开输配电以外的竞争性环节的电价，有序向社会资本放开配售电业务，有序放开公益性和调节性以外的发用电计划。

一独立：交易机构相对独立，规范运行。

三强化：进一步强化政府监管,进一步强化电力统筹规划,进一步强化电力安全高效运行和可靠供应。

法适应当前国家发展的需要，暴露出的问题也越来越多。基本电费的长期收取在今日显得尤为臃肿，不但会给企业造成经营负担，更严重者还会直接影响企业决策。两部电价制度推出的时代背景是新中国成立，当时我国还处在经济欠发达阶段。为了推进公共基础设施建设，国家通过电费代收各种基本费用，这对我国公共事业的发展起到了积极作用。

改革开放以来，我国经济实力显著提升，基础设施建设日趋完善，基本电费的"阶段性"使命已经完成。现在，我们的电力系统需要的是一个更加公平、合理的竞争机制，来保障买方市场的秩序。

此外，电网企业在保障自身安全、可靠运行的前提下，也应从计划经济思维模式转向市场经济思维模式，主动考虑和兼顾各市场主体的利益，尤其要关注电力市场的消费主体，真正地"管住中间、放开两头"，从而实现电网企业和用电企业的双赢、健康和持续发展。

电网企业还应积极转变自身定位，更多地承担电网投资运行、电力传输配送等重要职责，为发电企业和用电企业提供更好的服务，保障民生需求和国家经济发展，并且应尽快改变以"上网电价"和"销售电价"价差为收入来源的盈利模式，打破电网在"买电"和"卖电"端的"双重垄断"格局。

在消费侧引入市场化手段，学习国内高速公路的收费机制，即电网企业按照输配电价来收取发电企业的过网费——进网拿牌、出网收费。这类似于我国的高速公路收费机制：车辆在进高速公路时拿卡，出高速公路时根据距离长短、载重多少和车型的不同，缴纳不同的过路费，从而既确保电网企业拥有稳定的收入来源和合理透明的收益水平，又推动电网企业向公用事业性质企业快速转变，从而有序推进我国的电力市场化改革。

相关政策也应尽量优化和减少电网企业代收代支的各种费用，减轻电网企业的负担。轻装上阵才有利于电力先行、电改推进、电力产销直接见面，并减轻中间环节的税负，从而为我国光伏产业的进一步发展提供广阔的空间。

在未来电力系统的构建中，只有充分尊重市场的合理性和前瞻性，逐步放弃电力系统原有的统购统销模式，管住中间、放开两头，促进更多购电方和发电方的市场化交易，才能促成光伏发电等新能源电力消纳的高效匹配，才能增强能源的安全性。

第九章

资本雪球

探索未来，离不开金融创新，资本在产业发展的过程中扮演着重要的角色。新能源产业的发展是一个长周期过程，投身其中的各方需要有足够的信心和定力，要学会等待和坚持，这样才能获得长期价值的回馈。

百万亿元投资图景

技术创新、机制创新、生态合作，都离不开资本的投入。发展新能源，穿越碳中和的无人区，资本发挥着重要的作用。2021年8月，彭博社新能源财经（BNEF）发布了《2021年上半年可再生能源投资跟踪》，数据显示，2021年上半年全球可再生能源领域的新投资总额为1 743亿美元。其中，中国对可再生能源的投资总额为455亿美元，占到约四分之一，蝉联全球第一。未来40年，中国要投入多少资金才能为实现"双碳"目标提供有效的保障？

据国家气候战略中心测算，为实现碳中和目标，到2060年，我国新增气候领域的投资需求规模将达约139万亿元，年均约3.5万亿元，占2020年GDP的3.4%和全社会固定资产投资总额的6.7%左右。据渣打银行全球研究团队发布的《充满挑战的脱碳之路》，中国要在2060年前实现碳中和目标，需要投资127万亿～192万亿元。此外，中国国际金融股份有限公司的研究团队给出的数据也显示，为实现碳中和目标，中国需要投资将近139万亿元。其中，按时间段划分，2021—2030年的绿色投资需求为22万亿元，2031—

2060 年的绿色投资需求为 117 万亿元。

如此巨额的资金,究竟意味着什么?

如果取 160 万亿元作为中国实现碳中和的投资额,相当于在接下来的 40 年里,每年投资建设 20 座造价为 2 000 亿元的三峡大坝。如果换算成每千米造价 4 亿元的高铁,则需要每年投资建设 10 000 千米高铁,连续修建 40 年,才能花完这笔钱。再横向对比,在美国宣布 2050 年实现碳中和的计划中,拜登政府计划拿出 2 万亿美元,用于投资基础设施、清洁能源等重点领域。日本政府在公布的脱碳路线图草案中书面确认了"2050 年实现净零排放",绿色投资将超过 2.33 万亿美元。这也意味着,中国有关碳中和的投资额是美国、日本的 10 倍以上。由此可见,碳中和领域的投资在未来将多么巨大。

超过百万亿元资金的涌入,毫无疑问会带来更大的发展空间。从社会发展的角度来看,绿色低碳的发展要求与大量资金的涌入,将会形成许多新的经济增长点,并带来经济竞争力提升、社会发展等多重效益。同时,绿色低碳发展并不是站在经济增长的对立面上,而是促进经济增长更健康、更可持续,倒逼不可持续的发展模式转型。从产业发展的角度来看,在中国产业转型升级的大背景下,碳中和发展目标和百万亿元投资涌入,将使得部分传统产业规模继续扩张的可能性降低。低端产能出清和产业转移会直接带动碳排放降低。同时,基于碳排放的约束,企业将通过技术升级达到减排目的,产业将迎来持续的升级。

个人生活也将因此受到巨大影响。以就业为例,兴起的新能源产业会创造大量的就业机会。2010—2019 年,中国在可再生能源领域创造了 440 万个工作岗位,约占全球的 38%。其中,光伏发电部门提供的就业机会就高达 220

万个，占 59%。① 一直到 2060 年，为实现碳中和目标，中国在清洁技术基础设施领域的百万亿元投资还将创造 9 倍的就业机会，4 000 万个空缺岗位对每个人公平开放。这意味着，传统能源行业流失的工作岗位，将会在新能源等行业得到弥补。此外，新的就业和创业机会会不断增长。在与碳中和目标紧密相关的八大领域，即电力、交通、工业、新材料、建筑、农业、负碳排放以及信息通信与数字化中，优越且高质量的机会将更为密集。

以电力领域为例，电力的绿色转型是实现碳中和的基础，电力向可再生能源结构转型是实现发电行业脱碳的关键。在百万亿元的投资中，一半以上将用于发电行业脱碳，包括发展可再生能源、智能电网和储能技术，进而推动整个电力和一次能源市场的清洁化。

据国际可再生能源机构测算，到 2050 年，电力将占全球终端用能的一半，彼时的电力总需求将是现在的 3 倍，巨大的电力短缺将由清洁无污染的非化石能源弥补。当前，光伏发电成本和陆上风力发电成本已与燃煤发电基本持平。以全球陆上和海上风力的发电成本为例，2010—2019 年二者分别下降了 39% 和 24%。2019 年陆上风电和海上风电的度电成本分别是 0.053 美元 $/kW \cdot h$ 和 0.115 美元 $/kW \cdot h$。并且，根据预测，"十四五"期间可再生能源的装机容量将增加 6 亿 kW，太阳能光伏发电和风电的装机容量将分别增加 3.5 亿 kW 和 2.5 亿 kW。② 这些都意味着新能源的大规模铺设更具成本优势，广阔的发展空间会带来更多的投资机遇。

以太阳能光伏发电为例。光伏产业的发展势头明显，发展形势被各界普遍看好。因为清洁，高效率，取之不尽、用之不竭等特征，光伏发电成为人

---

① 王永中. 碳达峰、碳中和目标与中国的新能源革命 [J]. 人民论坛·学术前沿, 2021(14):88-96.
② 一文读懂中国"碳中和"之路的百万亿投资机遇 [EB/OL].(2021-04-23).https://house.ifeng.com/news/2021_04_23-54096590_0.shtml.

类当前及未来能源消费方式的主要选择，是实现能源升级换代的主力。因此，太阳能光伏产业将迎来巨大的发展空间、市场缺口、产业高度和企业机遇。2000—2017 年，全球光伏累计装机容量扩张 320 倍，光伏发电的发展速度在各种可再生能源中位居第一。有人提出，如果将光伏产业的起伏视作一个人的生命周期，那么此时它正值青少年时期，才刚刚真正进入飞速发展阶段。尤其在实现光伏发电平价上网以后，光伏市场的前景将是无限的。如今，光伏发电在清洁能源中的占比约为 3.9%，可能在 2050 年时达到 39%。除了占比大幅提升，光伏发电还会变成一种共识、一种趋势，甚至会成为各国制定能源发展阶段性目标的重要依据。

2022 年全球光伏新建装机容量将达 238GW，较 2021 年水平高出 31%。2030 年全球累计光伏装机容量将达到 4 100GW。全球若要按计划到 2050 年实现净零排放，2030 年所需的累计光伏装机容量为 5 300GW。到 2025 年，中国规划的太阳能发电装机容量将达到 5.6 亿 kW，体量是中国现有规模的 2 倍。无限的市场空间，对中国光伏产业乃至全球光伏产业来说都将产生巨大的拉力。

在此过程中，全球每年用于投资光伏产业的资金将由 2018 年的 1 140 亿美元，增长到 2050 年的 1 920 亿美元。为配合光伏产业的发展，预计全球每年将有 3 740 亿美元投向电网升级、储能技术和其他相关领域，市场空间巨大。

另外，对可再生能源的巨额投资在推动能源结构转型的过程中，可以拉动钢铁、水泥等产能的利用，所产生的产业规模、市场容量可以支撑每年上万亿元的投资强度，既能加快能源转型，推动绿色投资稳增长，还能起到稳投资、稳就业的作用，为其他领域创造更多的绿色投资基础。

2019 年，中国新能源产业的 65 家企业共完成融资 71 笔，融资总额达到

240.93亿元，与2018年相比，融资总额增长率高达755.8%；2020年，新能源汽车异军突起，融资金额首次突破千亿元大关，达到1 292.1亿元；2021年一季度，国家电投、大唐、国家能源集团、华能等央企先后在光、风、水等新能源领域展开投资，总额度超过千亿元。

相信在未来，在低碳行业和技术迎来大发展的同时，国家将制定更系统的政策措施，海量的投资机遇也将伴随出现。

绿色金融撬动创新

虽然我们已勾勒出一幅方兴未艾的百万亿元投资图景，但若想将其变成现实，离不开政府、企业等各方资金的持续输入。如果把新能源产业比作人的肌体，那么相关金融的发展就好比血脉，通过源源不断的养分供给，从而促进机体的茁壮成长，绿色金融这一概念孕育而生。

早在20世纪70年代，德国便成立了全球首家环保银行，专门为环境项目发放利率更低的贷款。之后的三四十年间，西方发达经济体中又陆续涌现出类似的金融机构，但终未成气候，绿色金融的概念也一直模糊不清。直到2016年的G20峰会[1]，中国人民银行与英格兰银行联合牵头发布《G20绿色金融综合报告》，首次将绿色金融推向国际视野，为之后全球绿色金融的发展起到了引领作用。

对于绿色金融，报告给出的解释是："绿色金融是指能产生环境效益以支持可持续发展的投融资活动。这些环境效益包括减少空气、水和土壤污染，降低温室气体排放，提高资源使用效率，减缓和适应气候变化并体现其协调效应

---

[1] G20是一个国际经济合作论坛，于1999年9月25日在德国柏林成立，属于布雷顿森林体系框架内的一种非正式对话机制，旨在推动已实现工业化的发达国家和新兴市场国家就实质性问题进行开放及有建设性的讨论和研究，以寻求合作并促进国际金融稳定和经济的持续增长。

等。"也就是说，不管是金融服务还是金融产品，不管是国家倡议还是政策指导，只要是可以促进资金流动、助力环境改善、减缓气候变化的经济活动及项目，都可称为绿色金融。

除了降低融资成本、提供融资便利、扩大资金来源这些显而易见的作用，绿色金融对推动新能源产业的发展、促进碳中和目标的实现有更加深远的影响。

影响生产要素的分配。市场经济具有逐利性，因此金融的流向将会对市场生产要素的分配起到引领作用。当绿色金融成为行业主流时，大量社会资本、人力、物力都将涌向新能源产业，这对行业发展、技术创新、成本降低来说都具有积极意义。

提供市场流动可能性。碳排放交易市场是未来中国乃至全球促进减排的重要手段，但如果只是企业间互通有无地一对一交换，交易价格和交易对象往往存在严重的滞后性，不利于市场的流通。绿色金融通过金融创新，提供碳期权、碳债券、碳基金等金融衍生产品，可以大幅增强交易的即时性和流动性，更好地让市场这只"看不见的手"根据客观经济要求进行资源配置。

近年来，国家积极出台相关政策，以推进绿色金融的发展。2016 年 8 月，中国人民银行、财政部等七部委联合发布《关于构建绿色金融体系的指导意见》，动员更多的资本投入绿色产业中，以培养新的经济增长点；2017 年，国务院批复同意在浙江省湖州市、衢州市，广东省广州市，新疆维吾尔自治区哈密市、昌吉州和克拉玛依市，贵州省贵安新区，江西省赣江新区开展绿色金融改革试点；2019 年，中国人民银行发布《关于支持绿色金融改革创新试验区发行绿色债务融资工具的通知》，鼓励试点企业自行开展金融产品创新；2020 年，生态环境部、国家发展改革委等五部委联合发布《关于促进应对气候变化投融资的指导意见》，为金融机构的低碳投资指明了方向。

对此，国内金融机构也积极响应。中国证券投资基金业协会、中国信托业协会先后发布有关指引,加快新能源产业的资本布局,身体力行地投入到碳中和事业中。目前,中国在绿色信贷、绿色证券等传统金融产品领域已取得不错的成果。截至2020年末,我国的绿色贷款余额为11.95万亿元,居世界第一;绿色债券的存量为8 132亿元,居世界第二。此外,中国工商银行还与国家能源局合作,在2025年前为新能源发展提供3万亿元的意向性融资。但这些资金并没有充分流向市场,因此,未来应通过完善绿色金融体系,推动全球的绿色金融合作,更好地发挥市场的力量,进而推动国家能源转型,助力碳中和目标的实现。

绿色金融不能脱离社会而独立发展,它需要法律法规、国家政策、市场机制的配套支持,只有建立健全金融体系,借助激励和约束的双重作用,才能更好地解决发展中潜在的内外部问题。

21世纪初,美国的光伏产业巨头太阳爱迪生公司(SunEdison)开发出了新颖的绿色信托方案。通过创建信托,该公司以股票形式筹集到了源源不断的资金,并利用这些资金新建更多的光伏项目,给投资人描绘了一幅欣欣向荣的发展图景,从而筹集到更多的资金。利用绿色金融创新,太阳爱迪生公司的确在短时间内实现了高速增长,到2007年底其股价一路飙升至近90美元。但它走得太快了,在缺乏政府监管的西方资本市场,金融杠杆越垒越高。在增速触顶之后,无力偿还的巨额金融债务成为压死骆驼的最后一根稻草。2016年,在160亿美元的债务压力下,太阳爱迪生公司无奈宣布破产。

太阳爱迪生公司的崛起源于市场对绿色金融的激励,其失败则要归咎于缺乏有关部门及制度的约束。从这个案例中不难看出完备的制度在金融领域的重要作用,我们要引以为戒,重视配套体系的建设。冰冻三尺非一日之寒,这需要中央与地方、政府与市场之间相互合作,积极探索担保机制、风险补偿、政府补贴等政策手段,增强金融机构发展绿色金融、企业推动绿色低碳发展的积极性和创新性;强化监管,提升金融市场的透明度,建立市场信用体系，严防金融市场漏洞，不给不法分子可乘之机。这将是发展绿色金融的主要方向之一。

引入 ESG 国际标准

ESG 标准是联合国在 2004 年提出的责任投资专有名词，其中 E、S、G 分别是环境（environmental）、社会（social）和公司治理（governance）的首字母，最初被当作衡量一家企业的社会责任感的重要标尺。随着清洁能源、生态环保等概念深入人心，"E"的作用被放大，现在常用于评判投资标的"绿色性"。

长久以来，中国在生态环境治理、新能源产业发展领域一直缺乏一套既能结合地方特色，又能兼容国际规则的项目标准；ESG 标准虽然存在，却没有得到重视。2019 年，中国证券投资基金业协会对 47 家公募基金管理人做了调查，发现仅有 17 家关注 ESG 标准，而在投资中实际应用的只有 14 家，并且当前中国金融产品在 ESG 评估方面还是以定性描述为主，定量数据的展示频率较低，并不能起到"标准"作用。中国在 ESG 标准的发展上还处于起步阶段。

由于 ESG 标准的内涵之一是企业与环境协调发展，因此全面引入 ESG 标准将为中国绿色金融体系的进一步发展添砖加瓦。在此背景下，中国 ESG 标准将迎来发展的转折点。通过借鉴国际经验，完善绿色金融体系，丰富 ESG 评价指标，改善投资决策机制，在实际交易过程中对 ESG 信息披露提出更严格的要求，ESG 标准有望成为金融投资的重要评判标准。

推动绿色金融全球合作

中国宣布的"3060"双碳目标打开了全国绿色投资的大门，百万亿元投资是图景，更是缺口。这是一条从未走过的路，中国尚需金融绿色改革助力，全球其他做出碳中和承诺的国家自不必多说。无论是世界银行、亚洲开发银行等国际多边金融机构，还是花旗银行、摩根大通等世界知名金融机构，都已调整与煤炭等化石能源相关的融资政策。发展绿色金融需要全球共同合作。

2020年7月，由财政部、生态环境部和上海市人民政府牵头的国家绿色发展基金正式成立，专门用于投资新能源发展、环境保护、生态修复等领域，其中包括中央财政出资100亿元，其规模已达885亿元。以此为起点，借助"一带一路"倡议，国家绿色发展基金有望联合全球伙伴，推动沿线绿色投资的落地。在此基础上，通过设立中外合作的绿色基金，引导沿线的国内外金融机构共同参与投资，用多元化的投资主体，促进各国间的合作。

作为发起者，中国可以通过积极开展绿色金融的国际合作，宣传己方理念，提高国际社会对中国绿色金融标准和产品的认可度，加强人民币在能源革命道路中的主导地位。

虽然近年来中美双方之间的矛盾冲突时有发生，但双方在绿色金融领域拥有共同的发展目标。拜登上台后开启"绿色新政"，中美间的绿色金融合作还将加速。在两国的通力合作下，全球绿色金融将迎来空前的发展。

建立最大的碳交易市场

建立电力金融市场和完善绿色交易体系等更加市场化的机制，也会对新能源发展及能源变革形成促进作用。特别是碳交易市场的建立，对节能减排和释放新能源的潜力有巨大的推动力。

碳交易本质上是对碳排放权的交易，在这种机制下，碳排放权作为一种可以交易的商品在市场中流通，一方通过支付一定的费用来获取另一方的温室气体排放额，用于实现自己的减排目标。其中，将碳排放权作为资产标的进行交易的市场，就是碳交易市场，也叫碳市场。

1968年，美国经济学家戴尔斯（Dales）首次提出排污权交易制度的设想，并在不久之后被美国国家环保局（EPA）用于大气污染源及河流污染源管理。但此时碳交易更多的是国家范畴内的环保举措。直到2005年《京都议定书》生效，碳排放权才成为国际商品，得到广泛重视。

在全球碳排放交易体系中，最值得关注的莫过于欧盟碳排放权交易体系。从规模来看，根据路孚特的研究评估，欧盟碳排放权交易体系的市场额度在1 690亿欧元左右，全球市场份额为87%；从参与国来看，该体系覆盖了欧盟全部27个成员国和冰岛、列支敦士登、挪威3个非欧盟国家（英国现已建立自己的碳交易体系），涉及上万家企业工厂；从成效来看，1990—2019年，在经济增长的同时，欧盟的碳排放量非但没有增加，反而减少了23%。所以，欧盟的碳交易市场不仅是全球最大的碳交易市场，也是运营情况最好的碳交易市场。

欧盟在长期追求经济增长和工业化发展的同时，排放了大量二氧化碳，对地球环境造成了不可逆的伤害。自20世纪90年代起，欧盟开始关注、跟踪全球气候问题，并将其付诸实践。经过多年的探索和准备，2005年1月1日，全球首个跨国且超大规模的欧盟碳排放权交易体系（EU ETS）正式建立，随后几年该交易体系衍生出碳期货、碳期权等模式，逐渐形成全方位的碳排放权交易体系。

欧盟碳排放权交易体系除了以共同体的形式参与国际上的碳交易，更重要的是在欧盟内部建立了一套有针对性的交易规则。欧盟依据碳排放总量和不同国家的经济发展情况、产业结构、能源比例，统一发放碳排放配额。各个国家再根据实际使用配额的情况——盈余或短缺，自行议价达成交易。这意味着，如果某国有能力将碳排放量控制在预期之内，剩余配额就可以拿到市场上交易。与之相对的是，某国的碳排放量超出预期，就必须付出额外的成本。就像胡萝卜加大棒，欧盟在减排的道路上一边用利益在前牵引，一边用惩罚在后驱赶，激励缔约国竭尽全力控制碳排放。

对欧盟而言，碳排放权交易体系的成功设立和运行，使其在碳交易市场中获得了先机，拥有了以欧元为主的碳交易定价权。并且欧盟碳排放权交易体系优化了相关国家的能源结构，大大降低了企业的减排成本，使得欧盟的低碳技术和低碳企业在全球减排行动中独具竞争优势。对全世界来说，欧盟在面对全球气候危机时积极的态度，为全球减排做出了表率，其率先构建的碳排放权交易体系也为其他经济体提供了学习样本。

在全球紧锣密鼓地建设碳交易市场的同时，中国自然也没有懈怠。中国碳交易市场的发展历程可分为三个主要阶段。

第一阶段：2005—2012 年，中国借助清洁发展机制（CDM），参与全球碳交易市场。

第二阶段：2013—2020 年，中国通过一系列试点，逐渐探索出自己的碳交易市场。

第三阶段：从 2021 年开始，试点成果推广至全国，全国碳交易市场正式建立。

和全球其他国家一样，中国的碳交易起源于《京都议定书》。针对发展中国家，该议定书设立了清洁发展机制（CDM）：发达国家通过在发展中国家建立减排项目，帮助其发展清洁能源，以此来抵消自己在《京都议定书》中承诺的减排量。类似于全球的碳交易，发达国家作为买方，以清洁能源项目来换取发展中国家的减排量。在这一阶段，中国承担了全球 60% 的 CDM 项目供应，为《京都协定书》第一承诺期的顺利到期做出了重要贡献。同时，

CDM 项目的建设，也为中国碳交易市场的建设提供了宝贵的经验和重要的参考模板。

到 2012 年，第一承诺期结束，以欧盟为代表的绝大多数经济体超额完成任务。它们意识到，随着制度的完善和技术的进步，无须再向发展中经济体额外购买碳排放权，依靠自己的力量足以实现减排，CDM 的发展陷入停滞。失去其他国家帮助的中国决心自力更生，以试点为主的碳交易市场建设正式拉开了帷幕。

2013 年 6 月，我国第一个碳交易试点项目在深圳碳排放权交易所率先启动；年底之前，又相继在上海、北京、广东、天津启动试点项目。2014 年初，湖北和重庆碳交易所建成，全国范围的试点版图初步形成。2016 年，四川、福建两个非试点地区启动碳交易，市场得到了进一步的扩张。

和欧盟一样，中国的碳交易市场在试点过程中也经历了初期供大于求、后期慢慢回调的过程。以上海为例，初期，参与的企业对政策还处于摸索期，不敢轻易进行交易，经过一年的发展，配额盈余开始显现，碳价一路走低，最低跌至 5 元 / 吨。随着制度的不断细化，配额也逐渐收缩，碳价开始回调，市场趋于正常，呈现出自然的周期波动。截至 2020 年，在七年时间内试点的碳交易市场累计成交 4.45 亿吨碳排放配额，涉及金额约 104 亿元。这表明我国的碳交易机制已趋于成熟，下一步就是将试点扩展至全国。

2021 年 7 月 16 日，全国碳市场正式启动上线交易，采取挂牌协议交易、大宗协议交易和单项竞价三种交易方式。当天，首笔全国碳交易价格为每吨 52.78 元，总共成交 16 万吨，交易额约为 790 万元。这标志着中国碳交易市场在酝酿试点十余年后，翻开了崭新的一页。到 2021 年 9 月，全国碳市场碳排放配额总成交量约为 920.8 万吨，总成交额约为 3.8 亿元。参与交易的企业不得不公开污染数据，让第三方审核排放数据，这不仅大大提高了企业在绿色经营和碳排放问题上的透明度,而且是我国在碳中和道路上具有里程碑意义的事件。《纽约时报》将中国开始全面推行碳交易评价为向实现气候治理目标迈出的关键一步,"碳排放交易市场将碳排放权作为标的资产进行交易。作为中国政府一系列举措中的一部分,它彰显了中国在未来数十年间大幅降低碳排放的承诺"。

不过,目前的碳市场还是一个"非完全体"。一是因为目前碳排放配额分配宽松,配额接近企业的实际排放量,企业的排放成本较低。相信未来配额将会逐步趋紧,从而真正成为规范企业实际生产经营的重要因素。而且当前的排放总量是根据配额加总而来的,这种总量制定方式约束性较弱,只有根据碳中和目标设定明确的总量标准,制定长期可行的碳减排方案,才能更好地发挥碳市场的重要作用。

二是因为纳入的行业有限。首批被纳入碳排放配额管理的2 200多家企业均为电力生产企业,以化工、建材、钢铁为代表的其他高能耗行业尚未得到足够的重视,待这些行业全部被纳入之后才能形成真正完全的碳市场。

三是因为目前碳市场在实现全国平衡上还需要更多措施。推行全国性碳交易需要考虑不同地区的经济发展水平以及产业结构,对于横跨五个时区、六个温度带的中国来说,其难度丝毫不亚于欧盟碳市场的建立。之前的试点地方多为第三产业发展良好的优质城市,减排并不是难事,但除中东部外,中国大多数地区依然以第一产业和第二产业为主。原本经济发展就落后的北方,其经济严重依赖于钢铁、煤炭等重工业,在减排上如果给予过多的压力,结果可能事与愿违。如何平衡各地区之间的差异,无疑是建立全国性碳市场面临的巨大挑战。目前,我国每年的碳排放总量超过100亿吨,如果仅将其中的30%纳入碳市场,其规模就能与欧盟碳市场持平。这也意味着中国的碳市场未来将成为全球规模最大的碳市场。

当然，随着碳交易市场的发展，碳交易不仅会成为实现碳达峰、碳中和的一种手段，还会成为中国经济发展、金融转型的重要工具。要达到这样的转型深度，显然是一场"持久战"。中国打开碳交易市场的大门是一项长周期攻坚工作。虽然和欧美发达国家相比，中国在法律支持、地区平衡上略有劣势，不过随着制度和政策的不断完善，全国碳市场将是我们推动碳中和事业的重要支撑。

第四篇
未来探索

◇◇◇◇◇◇

　　碳中和与能源变革必将重塑产业，推动企业转型升级，并改变每个人的生活方式。人类世界将走向一个可持续发展的未来。

第十章

"光伏+"重塑产业

光伏在改变能源体系的同时，势必将重塑农业、建筑业、交通运输业和工业的发展逻辑。未来的光伏，不是一块块笨重又孤立的太阳能电池板，而是通过"光伏＋新应用场景"的产业联合，实现对生产方式和生活方式的重塑，就像互联网在过去30多年来给人类的生产、生活带来了翻天覆地的变化。

光伏＋农业：应对粮食危机

农业是国民经济中最为重要的一个部门，是社会经济发展的基础，这一点突出表现在粮食生产上——人类最基本的生存资料。美国战略家、前国务卿基辛格曾经说过："谁控制了石油，就控制了所有国家；谁控制了粮食，就控制了人类。"可见，农业的有序发展将成为世界和平的重要保障，这关系到人类的永续发展和前途命运。

可近些年频繁出现的极端天气，严重影响了农业生产。2020年，联合国政府间气候变化专门委员会（IPCC）发布报告《气候变化与土地特别报告》，称自2009年以来，干旱、高温等极端气候现象的发生概率远高于20世纪80—90年代，严重影响了全球粮食供给。一方面，全球气温升高显著缩短了农作物的生长期，降低了农作物的生长速度。研究人员发现，气温每上升1℃，农作物的产量将降低10%。另一方面，气温升高导致极端干旱天气增多，土地荒漠化加剧。在最不发达国家和中低收入国家，超过34%的作物和家畜生产损失是旱情所致，损失总计370亿美元。

粮食危机日趋严峻。以我国为例，2021年粮食总产量约为68 285万吨，虽然比2020年增加1 336万吨，但为保障我国约14亿人的粮食稳定供给，进口约16 453.9万吨粮食，较2020增长18%，创历史新高。由此可见，我国粮食安全问题不容乐观。不仅是中国，非洲、南亚、中南美洲等地区的发展中国家则面临更严重的粮食危机。据全球应对粮食危机网络发布的《2021年全球粮食危机报告》，在55个国家/地区中至少有1.55亿人陷入"危机"级别或更为严重的突发粮食不安全状况。粮食安全问题愈演愈烈。

但矛盾的是，农业也是产生温室气体的重要部门，现代农业加剧了气候变暖。《气候变化与土地特别报告》显示，2007—2016年，在全球人类活动中，农业、林业和其他土地利用活动排放了13％的二氧化碳、44％的甲烷、81％的氧化亚氮，占人为温室气体净排放总量的23％。如果将与全球粮食系统上下游生产活动相关的排放都纳入，估计排放量占人为温室气体净排放总量的21%～37％。

农业作为百业之基、民生之本，其重要性导致我们不能因为碳排放而减少有关生产活动。相反，必须保证农业生产安全、稳定地增长，这样才能满足全人类的生存所需。所以，未来农业生产需要在保证增长的前提下，提高单位土地面积的经济效益，降低能源消耗、减少温室气体排放。

光伏与农业相结合，是可行方式之一。通过将太阳能发电、现代农业种植和养殖以及高效设施农业相结合，形成现代化的农业发展模式，可实现一边发电、一边进行农业生产。目前，这种模式已经开始应用在农业生产中。

通威做过粗略的统计：1亩土地年均粮食产出仅约为0.36吨（2021年全国耕地面积19.179亿亩，产量68 285万吨），以每吨粮食价值5 000元计算，1

亩土地直接创造的财富价值为1 800元。但是，如果能将光伏与农业相结合，以太阳辐射较强的地区为例进行电力换算，电价则以每度0.5元的标准计算，1亩土地可以创造5万～10万元的财富；如果电价以每度1元的标准计算，则1亩土地可以创造10万～20万元的财富。对比之下，1亩土地若只用于太阳能发电，价值就远远高于只通过生产粮食获得的财富。如果既种植农作物，又搭设光伏系统用于太阳能发电，土地利用率将显著提高，农民的收入也将增加。

在不改变土地性质的基础上，提高土地利用率、减少碳排放的研究思路，造就了通威"渔光一体"生产模式。在最早开始计划"渔光一体"时，通威便对全国的水产养殖业进行了一次摸底。经测算发现，若靠天然生物链供应，每亩水域的水产品年产量为100～200千克；如果通过科学养殖和管理，每亩水域的水产品年产量可以提高1.5～3倍。但这远不是单位面积水域能够产生的极限经济效益，水面之上还有巨大的提升空间。于是，通威计划将光伏发电与水产养殖相结合。根据测算，在水面上叠加光伏发电，每亩水域每年能够输出5万kW·h甚至10万kW·h的电力（取决于所在地的光照条件），这相当于燃烧10～20吨石油提供的能量。对于水产养殖户而言，这是一个不小的收益；对于整个能源结构而言，能够对当地的能源供应进行有效补充。

光伏发电的一个缺点就是占地，而"渔光一体"正好解决了光伏电站的建设选址问题，增强了光伏发电的实用性。反过来，在水上发电，适宜的遮光面积对水产养殖也有所助益。比如，夏天温度升高，经过遮光后，水面温度会下降1～2 ℃，能够约束有害蓝藻的大量生长，通过"渔光一体"技术的创新，反而实现了水产养殖的增长。

在不断的探索中，通威在"渔光一体"的基础上，加入旅游元素，实现一、二、三产业融合的发展模式，原本的"渔光一体"一跃发展为集亲子游览、科普教育、休闲体验为一体的大型综合生态园。"渔光一体生态园"产业链完整，规模庞大，普遍推广后将在乡村振兴中扮演重要角色，能够有力推动"三农"工作高质量发展：一产方面，发展渔业养殖需要养殖工人，可为当地农民提供就近工作的机会，实现农民到工人的转换；二产方面，光伏发电将不断输出绿色清洁能源，为当地绿色发展注入强劲动力；三产方面，因地制宜，开发有亮点、有特色的旅游产业，发展乡村旅游，进一步提高农民的收入。

通威的探索只是光伏农业的案例之一。在我国，许多公司和地区都开始尝试光伏与水产养殖相结合的模式。如福建厦门出现了"光伏+种植+养鱼"的模式，其中光伏电站可发电，水面可种菜，水下可养鱼。这形成了"光伏发电补光供氧—鱼儿吃虫排泄供肥—种菜净化水质"的循环模式，极大地提升了土地利用效率。其他种植业也是如此。

又比如"光伏+大棚"的模式。在光照充足的农业大省，如果能在大棚的基础上叠加光伏产品，就可以模拟或控制农作物生长所需的光照与温度，还能通过智能补光、补水及调温等方式，使农产品更安全、更多产。畜牧业也出现了与光伏结合的案例。如云南地区在光伏电站方阵区养殖高原鹅，利用白鹅的饲草性开展光伏电站生物除草，丰富了云南绿色能源产业的内涵，为云南打造"绿色能源牌"做出了积极贡献。美国、荷兰等国家采用"蜜光一体"模式，通过在农业用地上铺设太阳能电池板，改善板下植被，从而吸引更多授粉蜜蜂。德国云克拉特小镇还建有"光伏农场"，利用作物的不同光照需要，在实现光伏发电的同时，通过设定植物生长所需的光照条件，让牧草生长得更加健康，从而为当地的牛羊提供了更优质的牧草。

光伏农业最大的优势在于发电和种养两不误。相较于传统农业，光伏农业将农场变为了工厂、将田间变成了车间。因此，光伏农业是现代农业的新模式，在保留原有农业生产的同时，通过建设相关园区，形成了具体的产业化模式，为项目的实施提供了基本的土地条件。这不仅可以改变光伏产业与农业发展争地的现状，还能促进我国农业的现代化转型，为农业找到了一条"类工业"的绿色发展道路。

光伏+建筑:改变居住方式

在过去100年间,一座座由钢筋、混凝土、玻璃等材料构成的工业大厦拔地而起。人们在享受建筑升级所带来的舒适与便利的同时,却忽视了现代建筑在建造和居住的过程中所暗藏的巨大能耗和污染问题。2015年,全球建筑能源消耗占总能源消耗的41%[①],超过了工业和交通运输业,成为最主要的能源消耗行业。2019年,全球建筑部门的碳排放总量约为10亿吨,占到了全球能源相关碳排放总量的28%,若加上建筑工业部分(整个行业中用于制造建筑材料,如钢铁、水泥和玻璃的部分)的排放,这一比例将上升到38%。[②]然而,这还不是结束,预计到2050年,全球人口将突破100亿,彼时为容纳这些人口,既有的建筑数量还要再翻一番。

中国的形势尤为严峻。随着社会经济的高速发展,我国的城市化进程驶入快车道,截至2020年,常住人口的城镇化率已达到63.89%,基本追上欧洲发达国家梯队,而这背后是每年新增的20亿平方米建筑面积以及建筑建造所排放的温室气体。《中国建筑能耗研究报告(2020)》显示,2018年全国建筑全过程的碳排放量为49.3亿吨,占全国碳排放总量的51.3%。超过一半的碳排放量,这足以引起我们的重视。

建筑行业的高污染、高碳排、高能耗,主要体现在建筑材料的生产与运输、建筑施工以及建筑运行三个方面。建筑材料种类繁多,大都依赖煅烧、熔融等化工环节,以水泥为代表的必需建材,其生产过程会产生大量的二氧化碳;施工包括新建筑的建造和旧建筑的拆除,整个过程所造成的污染不到2%;运行是建筑行业的主要能耗环节,制冷、照明、炊事等居民行为所消耗的能源

---

① 陆肖肖.全球建筑能源消耗超工业和交通占总能源消耗41%[EB/OL].京华时报,2015-03-27. https://www.chinanews.com.cn/house/2015/03-27/7163075.shtml.

② 伦敦大学学院,欧洲建筑性能研究所.2020全球建筑现状报告[R].全球建筑联盟,2020.

都被纳入建筑能耗中。

为了解决能耗问题,大部分企业将目光集中于现有建筑的结构优化和能源优化。例如,创新建筑规划和设计,根据当地的环境和气候特征,利用自然资源优化建筑结构,以减少对建筑设备的依赖。而未来建筑领域的绿色机遇一定会从节能向产能发展——既能覆盖建筑运行的用电需求,又能将电力输送至电网销售。"光伏+建筑"模式将改变人类的居住方式。

最简单的"光伏+建筑"应用方式是直接在屋顶上安装光伏系统。单从这一最简单的方式来看,全国既有建筑面积超过 400 亿平方米,其中,住宅建筑面积占 70%,工业建筑面积占 15%,公共建筑面积占 15%。如果在这些建筑的屋顶都装上光伏系统,一天大约就能提供 400 亿 kW·h 的电力,相当于 1 700 万吨标准煤的等效能量。因此,"光伏+建筑"的全新模式预示着未来建筑行业的新出路。光伏组件在建筑上的广泛应用让普通建筑重换新颜,开始变得节能、绿色、环保。

然而,"光伏+建筑"的模式绝不是指单纯地在屋顶安装太阳能电池片。光伏与建筑的深度融合,在于将光伏发电和建筑美学相结合。建筑的本质是为人类提供居住、活动的空间,除了实用性,审美价值也越来越受到重视,光伏建筑一体化(BIPV)的概念应运而生。所谓光伏建筑一体化,即将光伏融入建筑的应用场景,将产品集成在建筑上。直接装电池片在建筑上是很简单的事,但要将两者完美融合,则需要费一番功夫。随着光伏技术的发展,电池片越来越薄,柔曲度越来越高,衰减率也越降越低,为其与建筑真正融为一体,成为建筑美学的一部分,打下了技术基础。

2004 年,德国在弗莱堡市的建筑上建成了一系列小型光伏应用示范项目。随后,德国光伏建筑快速发展。在柏林,光伏和建筑的结合更是规模巨大。截至 2018 年底,在当地 53 万多栋建筑中,有 48 万栋建筑物可用于发挥太阳能的潜力。为此，柏林还提出"柏林太阳城"的建设构想，通过不断加速城内的太阳能发电扩张，争取在 2050 年之前成功将太阳能发电的占比提高到 25%。2021 年，柏林光伏建筑领域迎来新发展，德国政府有意提前实现这一目标，参议院经济和能源委员会建议柏林今后的新建筑都采用光伏屋顶，旧建筑也要进行太阳能光伏系统的再造。

哥本哈根国际学校的一处校区，将 12 000 块太阳能电池板铺在建筑外墙，且每块电池板的角度稍有不同。这在最大限度上保证了吸收太阳热能的同时，还创造出了不同亮片的视觉效果。最为重要的是，电池板每年能够提供 30 万 kW·h 的电力，远超学校一年的用电需求总量。这样的建筑在苏黎世也可以见到，光伏技术集成到了街边房屋的屋顶表面和外墙东西立面。现在，随着厂家可以根据客户需求生产出不同尺寸的太阳能电池板，光伏建筑可以在保证美观的同时又提供高效且可持续的能源供应。瑞士另一城市巴塞尔的 Grosspeter 大厦也是其中代表之一，综合考虑了美观、能源、技术等因素后，将光电材料布满整座建筑的外立面，实现提供建筑所需大部分能量的目的。

光伏建筑同样在中国得到了广泛应用。以 2008 年北京奥运会的主场馆"鸟巢"为例，硕大的建筑上方装有总装机容量为 130kW 的太阳能光伏系统，产生的电力被直接并入奥运场馆的电力系统中，起到了良好的电力补充作用。① 除了"鸟巢"，一座奥运会配套商业建筑也尝试安装了十几块光伏幕墙，这是中国第一座尝试应用 BIPV 技术的建筑。

2022 年北京冬奥会更是践行了绿色体育的理念，进行了 100% 的绿色供电。光伏提供了其中绝大部分的电力。从奥运建筑的外立面与天台，到张北烈风吹过的群山，绵延的光伏板组成了赛场之外最吸引目光的奥运风景。其中最

---

① 郭晓军. 北京奥运会鸟巢体育场将用太阳能光伏发电系统 [EB/OL]. 新京报, 2006-04-19. http://news.sohu.com/20060419/n242874068.shtml.

显著的光伏景观，是光伏与楼宇、场馆的一体化建设，比如延庆赛区的山地新闻中心就采用了建筑光伏一体化技术，可以在建筑内部完成光电转化。由奥运场馆为奥运赛事供电，是冬奥会实现全面使用清洁能源的关键。奥运会结束之后，这些场馆的光伏发电体系还将持续应用。

雄安高铁站也是光伏与建筑完美融合的代表。雄安站的屋顶共铺设 4.2 万平方米光伏建材，每年可提供的电量约为 580 万 kW·h，能够为雄安站提供所需的 20% 绿色电力。雄安站的桥式设计也颇为美观。站房的外观采用"青莲滴露"主题，形如椭圆造型的水滴；屋顶则采用"光伏板 + 阳光板"的渐变设计形式，美观大气，如粼粼波光，契合了雄安水文化。雄安站光伏与建筑的深度融合，色彩和谐，使光伏板不再是单纯的发电工具，而是与屋顶相辅相成，展现出建筑设计之美。

2021 年 6 月，国家能源集团光伏建筑一体化中心投入使用，这是北京首座"光伏一体化绿色建筑"，有"会发电的阳光房""搭积木的装配房"的美誉。该建筑采用目前世界上最高的单元式光伏墙，平均 8.9 米的轻型一体化装配式光伏墙体，被大规模安装在建筑的框架之上。在施工过程中，有关人员还特意通过调节光伏组件的倾斜角度，迎合太阳光入射角的变化，来提高光伏发电量。墙体上 1 155 块薄膜光伏组件的年发电量达 7.5 万 kW·h，可满足该建筑 30%～40% 的用电需求。①

国内外的光伏建筑热潮并非空穴来风。无论是独立的光伏系统还是一体化的光伏建筑，都展示了光伏产业的潜力和未来。2020 年 7 月 15 日，住建部、国家发展改革委等七部委联合印发《绿色建筑创建行动方案》，提及到 2022 年，当年城镇新建建筑中绿色建筑面积占比达到 70%。2021 年 5 月 25 日发布

---

① 北京市首座"光伏一体化绿色建筑"建成投入使用 [EB/OL].(2021-06-22).https://baijiahao.baidu.com/s?id=1703224792482007251&wfr=spider&for=pc.

的《关于加强县城绿色低碳建设的意见》,将绿色建筑和节能建筑纳入县城的发展方向,提出应用光伏屋顶、光伏建筑一体化等方式,这将极大地推动我国建筑行业的绿色化。

人类建筑发展至今,一直以能耗增长为代价。光伏建筑的出现意味着人类开始重新与自然建立联系。通过光伏和建筑的结合,人类生活将在索取和回报之间取得平衡。从茅草石屋到楼宇大厦,能源革命的烈火在建筑行业燃起,艺术和资源的博弈将书写现代生活的未来。

光伏+交通运输:绿色出行驶向未来

交通出行是现代生活不可或缺的一部分,同时交通运输业也是建立在化石能源基础上的行业。在碳中和的背景下,清洁能源与交通运输的结合将是重要的未来场景之一。

众所周知,汽车排放的尾气会污染环境。最普遍的柴油车和汽油车,它们所排放的尾气中含有一氧化碳、氮氧化物、二氧化碳等污染物。据不完全统计,每千辆汽车1天排出的一氧化碳约为3 000千克、碳氢化合物为200~400千克、氮氧化物为50~150千克。[①] 如果偶遇交通拥堵,还会造成燃料的不完全燃烧,污染物排放量是正常行驶状态下的10余倍。生活在这样的环境中,人类的身体健康也会受到威胁,轻则产生头痛、头晕、恶心等不适感,重则致癌。

统计数据显示,过去10年,全球碳排放总量增长了13%,而来自交通运输业的碳排放增长率达到了25%。在美国,交通运输业的碳排放量在2016年就超过了电力部门,交通运输业也成为碳排放量最高的行业。而在中国,虽然交通运输业产生的碳排放仅占9%,但在能源、工业等部门碳排放增速渐缓

---

① 廉江河.汽车废气污染净化技术[J].交通世界,2013(16):2.

之际，交通运输业的碳排放反倒在持续增加，年均增长率达 5%，这使得该行业成为温室气体排放增长最快的领域之一。另外，根据调查，交通运输业的碳排放在城市碳排放总量中的占比超过了 17.5%，其中公路运输是主要的耗能部门。

造成这样的现状有两大原因：第一，交通运输业是化石燃料使用"大户"，尤其高度依赖石油，每燃烧一升燃料大约排放 2.5 千克的二氧化碳。我国每年进口约 5.5 亿吨石油，其中 70% 以上被交通工具消耗。第二，人们对交通运输的需求增加，导致交通运输业快速发展。以机动车为例，在中国，截至 2021 年 6 月，全国汽车保有量为 2.92 亿辆；到 2025 年，我国还将新增机动车 1 亿多辆、工程机械 160 多万台，农业机械柴油总动力 1.5 亿 kW，车用汽柴油 1 亿～ 1.5 亿吨。[①] 这就意味着，交通运输领域的能源使用量将持续增加。国际道路联盟（IRF）预计，到 2050 年，与交通运输相关的能耗量相较于 2016 年将会增长 21%～ 25%。在这种情况下，交通运输部门节能减排迫在眉睫。

当然，改变的方式有许多种。例如，减少出行或降低货物运输量就能降低碳排放。人们还可以通过提高化石燃料燃烧效率的方式，达到节能减排的目的。2000—2015 年，全球交通运输总能耗增长了 44%，但总排放量只增长了 33%，充分体现了能源效率的提高。另外，通过科技手段，建设数字化交通体系也是有效的方式，在提升交通运输运行效率的同时，减少了能源消耗和污染排放。例如，互联网 + 物流配送、互联网 + 公共交通、完善高速公路不停车电子收费系统（ETC）等，都能有效解决交通拥堵、流程堵塞、匹配不精准等问题，让交通运输更安全、效率更高，让人们的体验更好，最终实现绿色出行、降低碳排放的目的。

---

① 生态环境部环境规划院，国家环境保护环境规划与政策模拟重点实验室. 机动车污染防治政策的费用效益评估（CBA）技术手册 [R]. 2020.

然而，不管是怎样的方式，只要存在交通运输，就不可避免地会排放温室气体。因此，目前最为成熟的减排方式就是用光伏发电替代化石燃料，推进交通运输系统的电气化发展。

光伏发电实现了能源生产的清洁化，汽车电动化则在能源消费上完成了电力化的转变，随着电动车锂电池等技术实现突破，研发应用等成本将持续下降，新能源汽车的发展图景跃然于眼前。

其实，新能源汽车并不"新"。自1834年美国人托马斯·达文波特（Thomas Davenport）发明第一辆电动汽车，至今已有近两个世纪的历史。通俗来讲，所有使用非传统化石燃料的汽车都可以称为新能源汽车。作为早期与内燃机汽车同台竞技的产品，新能源汽车在19世纪油田大爆发后迅速式微，此后一直在世界历史的舞台上若隐若现。到20世纪末，全球环境治理刻不容缓，人们才再次将目光投向更为环保的电动汽车。但由于续航短、造价高、存在安全隐患等原因，新能源汽车始终没有实现大规模商用。

2003年，马丁·艾伯哈德（Martin Eberhard）成立特斯拉汽车公司，实现了新能源汽车480千米的续航里程。2008年，特斯拉交付首辆量产版Roadster，电动汽车再次回归普通消费者的视野。在特斯拉的影响下，传统汽车开始向新能源汽车转型。全球新能源汽车的应用进一步爆发，汽车业迎来了全面升级。

国外知名汽车品牌也纷纷布局电动汽车领域。2011年，宝马宣布成立主要针对新能源汽车产品的子品牌"宝马i"，并提出要提供更多的纯电动车型，以实现2030年全球超过700万辆新能源汽车在路上行驶的目标。奔驰则计划到2030年插电式混合动力车型及纯电动车型的销量将达到总销量的50%。保时捷则推出插电式混合动力版本和纯电动版本的新能源汽车。

多个国家都提出推动新能源汽车发展的政策。法国、英国宣布计划在

2040年全面禁售汽油汽车和柴油汽车,美国、德国、印度有意将禁售燃油车的时间定在2030年,荷兰和挪威则是将这一时间节点提前到了2025年。2009年,欧盟就提出,2015年之前,乘用车每千米二氧化碳平均排放量降至130克以下。2014年,欧盟将标准升级,要求到2021年境内新车的平均二氧化碳排放限值定为95克/千米。

2014年前后,中国市场上涌现出一批电动汽车的造车新势力,例如蔚来汽车、小鹏汽车、理想汽车、威马汽车等。2018年,蔚来汽车在纽约证券交易所上市。2020年,理想汽车、小鹏汽车也相继上市。除电动汽车新品牌之外,传统汽车也纷纷进入新能源汽车领域。2020年,新能源汽车全球销量达到了324万辆,占全球汽车总销量的4%,同比增长超40%。比亚迪新能源汽车的全球销售量为17.92万辆,位居全球第三。除此之外,还有领克、几何、北极星等新能源汽车新品牌。根据BNEF的估计,到2022年年底,全球电动汽车保有量将突破2 600万辆。

实际上,中国自2009年起就开始对新能源汽车实行购置补贴政策,以推动市场的发展。2015年后,补贴力度再次加大,新能源汽车进入快速发展阶段。同时,随着充电成本的下降,市场接受度越来越高。目前,我国电动汽车每千米电价成本通常在0.15元左右,而普通汽油车每千米需要耗费超过0.5元的油费,两者的成本差距显而易见。

2020年,中国新能源汽车的销量为136.7万辆,占汽车总销量的5.4%,同比增长10.9%。而到了2021年3月,新能源汽车的销量已经占到全部汽车销量的10%以上。从全球范围来看,2020年,中国上路行驶的电动汽车超过450万辆,占全球电动汽车总数的45%;其中,近80%是电池电动车,其余则是插电式混合动力车。截至2020年底,中国上路行驶的58万辆电动巴士和2.4亿辆电动两轮车分别占全球同类车总数的98%和78%。中国是全球最大的

未来 碳中和与人类能源第一主角

电池制造国,遥遥领先于其他国家;中国2020年底已安装产能占全球的70%左右,2020年电动车电池产量占了全球的近一半。

未来,在"双碳"目标的推动下,我国新能源汽车市场将迸发出更大的能量。要实现"3060"碳排放目标,我国新能源汽车在公路运输车辆中的渗透率须在2030年达到20%,2040年接近70%,2050年达到90%,2060年几乎实现100%的电动化。

汽车电动化后光伏也拥有了无限的表演空间,车顶太阳能光伏发电式汽车将会成为现实。或许能在电动汽车顶部直接安装太阳能电池片,实现供电的"自给自足"。如果电网设计得当,电动汽车还能为家庭供电,实现汽车储能削峰填谷。据测算,即使不充换电,车顶太阳能光伏发电也可以支持每年3 000~5 000千米的行驶里程。当汽车能够在光照下自我充电的时候,充换电或将成为历史。

另一种清洁化的汽车充电方式同样具有巨大的想象空间,那就是光伏路面:通过采用光伏技术、数字化技术等,让普通路面在车辆行驶的同时,进行太阳能发电,提供行进时车辆无线充电、车路信息交互、自动引导等服务。这就意味着,电动汽车在行驶时可以随时随地进行无线移动充电,大大增强续航能力,缓解人们的续航焦虑。目前,日本、韩国主要利用道路附属设施实现单一发电功能;而中国、美国、法国等国家则选择在路面直接布设承压式光伏电池发电层。2011年,世界上第一条全部设施由光伏供能的高速公路在意大利西西里岛正式通车,沿途包括隧道风机、路牌、路灯、紧急电话在内的80万个交通设施,完全依靠光伏运行。路面光伏设备每年的发电量约为1 200万kW·h,相当于每年节约31万吨石油并减少10万吨二氧化碳的排放量。在国内,预计2022年建成通车的杭绍甬高速公路就可利用路面光伏发电、插电式充电桩的方式为电动汽车提供充电服务。

光伏充电站也可以为汽车供电，让汽车用上太阳能发电。当下，电动汽车充换电站/充电桩正在加速建设中。而光伏发电系统可建在充电桩顶棚，既能供电，又能遮风挡雨防晒，延长充电桩的使用寿命。目前，国内外都已建设大量光伏充电站。例如，北京石景山区有一座光伏充电站，建有50根充电桩，每天可为超过80辆车充电，同时具备停车功能。上海一座汽车充电站的屋顶上安装有44块太阳能电池板，光伏装机容量为11.66kW，日发电量约为100kW·h。此外，充电站还配置了一套规格为"500kW·h/250kW"的储能系统，保障阴雨天时电站的供能。不过，发电总量不足、光伏发电不稳定、蓄电池储电成本高等是未来光伏充电站需要解决的主要问题。

电动汽车的发展对光伏发电起到了积极作用，电动汽车可成为城市电力系统的组成部分。电动汽车自身可以储电、放电，充当"移动充电宝"的角色，助力解决光伏的储能问题。例如，光伏路面可以为沿线城市、村庄、企业提供电力。白天光伏资源丰富，新能源汽车可以将过剩的电力储存在车内，夜晚再接入城市电力系统，将储存的电力补充到电网中，进而平衡光伏发电时间分布不均的问题。按全国电动汽车保有量8 000万辆计算，理论储能规模约为7.3亿kW，非常适合满足用电高峰所产生的日内小时级的调峰需求。充分利用电动汽车的储电功能，有助于提升电网的安全性、稳定性、灵活性。

光伏 + 工业：制造业脱碳之路

一座座由砖块和水泥砌筑而成的烟囱高耸入云，林立于城市中央，在18世纪中后期的欧洲，这曾作为城市发展的"功勋章"被其他国家所羡煞。以蒸汽机为主体的生产机器得到大范围普及，催生了工业革命的到来，进而创造出一个又一个辉煌。但需要化石燃料驱动的蒸汽机，对自然环境造成了破坏。

大肆开采矿藏使地球表面多了无数个工业疤痕，恣意排放的工业废水让湖海不再清澈，燃烧时的滚滚浓烟从烟囱口向大气扩散。自然环境的负担越来越重，工业的名声也越来越差，时至今日，人们已然将"工业"与"污染"画上了等号，事实也是如此。化工、建材、钢铁和有色金属四大高能耗工业一直是全社会的能源消耗主体，而我国工业部门的碳排放占所有能源活动碳排放的6%。这些重工业的碳排放主要来自三大方面：其一，用于生产的原料，比如水泥生产所需的石灰石。其二，工业生产中用于高温加热的燃料燃烧。其三，其他能源需求，如用于生产中间产品的化石燃料等。三大碳排放来源都凸显了对工业节能减排的相同需求：优化工艺流程、提升生产技术、提高能源效率。

虽然目前中国社会已进入工业化发展的中后期，在产业结构调整中煤炭的消费量呈现出下降趋势，但从宏观角度来看，工业依然占据我国经济发展的主导地位，工业用能还将持续增长。城镇化进程带来的基础设施建设升级的巨大需求表明其对基础工业产品的需求仍将持续数十年。为了实现到2050年全面建成现代化强国的目标，中国的工业增加值需要翻两番。按照传统的增长模式，工业产值、能源消耗和碳排放量将增加近一倍。作为碳排放较高的领域之一，工业领域实现碳中和的技术难度比较大。过去十年，中国工业部门通过优化生产技术等方式，为脱碳做出了许多贡献。比如，碳捕获、利用与封存（CCUS）技术的研发对加快工业领域的脱碳进程至关重要，在未来将大有可为。但就目前而言，这种技术在实际生产中完全不具备经济优势。在解决如何高效、低成本地将二氧化碳和其他气体分离这一问题之前，CCUS尚不具备实用价值。

光伏与工业的结合，为人类带来了全新的破局思路。众所周知，虽然太阳无处不在，但不同地区的光照强度、光照时长或多或少存在差异，而这将直接影响光伏发电量。此外，影响发电量的另一个重要外因是太阳能电池板的数量，面积越大、电池板越多，发电量也就越多，这也是目前大型光伏发电站集中在西北开阔处的原因。而大多数工业厂区坐拥足够宽广的土地，地处城市边缘，从而保证了开阔的视野，这是工业领域建设光伏发电项目所具备的独特优势。

厂区内的厂房屋顶面积少则数百平方米、多则上万平方米，这些原本闲置的空间在与光伏发电结合后，立马变成了企业宝贵的资源。以我国三类光照资源地区为例，1 000平方米的屋顶光伏装机容量至少为150kW，每天的光照时长以5小时计算，全年的有效光照天数为300天，则一年的发电量至少达到22.5万kW·h，这对企业来说极具经济价值。太阳能电池片的单瓦建设成本大约是5元，如果能长期保持运行，八年左右就能收回成本。而太阳能电池片的使用寿命一般在25年以上，这意味着企业能享受光伏带来的收益长达十多年。国泰君安发布的一份报告则认为，国内工商业用电的高峰电价普遍在1元/kW·h以上，使用分布式光伏发电，0.35～0.45元/kW·h的补贴将使内部收益率（IRR）达到15%左右。另外，一般工业用地的使用年限在50年左右，因此只要是在2000年以后修建的厂房，都可以加改光伏设备。

不仅仅是经济效益。2021年9月，全国各地发生了持续性的工业限电，东北三省、东南沿海等多个地区的工厂收到限电通知，涉及化纤、水泥、纺织、印刷、冶金、石化、光伏、电镀等多个高能耗行业，有的工厂实行"开一停六"，有的工厂直接停产，企业发展受到严重制约。而如果将来"光伏+工业"的生产模式可以大范围普及，自发自用就能保障企业的能源供给。光伏带来的潜在益处颇多：使用清洁的能源有助于轻松地完成政府规定的节能减排目标，提升企业形象，为未来以环境导向的市场做好铺垫；发电除自用外，还能将剩余电力并网售卖，实现能源创收；屋顶的光伏板在一定程度上也能起到保护作用，减少建筑、设备的损坏。

目前，多个部门已开始探索"光伏+工业"的道路。以工业污水处理厂为例，作为减少环境污染的最后一道防线，高电耗一度是制约污水处理厂发展的最大掣肘。住建部公布的数据显示，全国拥有累计超过4 000座污水处理厂，以每立方米的污水处理消耗0.292kW·h的电力计算，如果全国的污水处理厂保持不间断运作，那么每年消耗的电力与葛洲坝发电厂生产的电力相当。位于河南郑州的马头岗水务，是亚洲最大、功能最全、减排效果最强的现代化污水处理厂。15万平方米的太阳能光伏板，总容量达17MW，其每年3 300万kW·h的发电量可以满足全厂全年四分之一以上的用电量，相当于少燃烧1.32万吨标准煤，是"光伏+工业""经济效益+环境效益"的典型案例。

对于电解铝、一般制造业等主要碳排放来自电力的部门，光伏的优势相对明显。但对于水泥、钢铁此类在生产过程中依赖化石能源的部门，仍然有很长的一段路要走。所以，在建设光伏之余，行业自身必须加大技术改革的研发投资，这样才能最终走向脱碳之路。除了农业、建筑业、交通运输业、工业外，各行各业都将受到碳中和与能源变革的影响，行业的巨变将在未来40年徐徐展开。

第十一章

碳中和下的企业与消费者

走向碳中和离不开企业与个人的改变。只有企业实现绿色转型，消费者建立起绿色低碳的消费理念，人类社会才会真正走向可持续发展的未来。

企业的绿色使命

企业是碳排放的主要来源，又是创新碳中和技术的主体，更是推动"3060"双碳目标实现的中坚力量。碳中和对于企业而言，不仅意味着挑战与风险，更意味着千载难逢的机遇。就供给端而言，能源变革改变了中国经济社会的发展模式，让企业的生产方式发生了变化。就需求端而言，低碳生活方式的兴起，在消费侧改变了企业的产品逻辑。不论是供给端还是需求端，都在推动企业走向碳中和，改变企业的发展逻辑。积极拥抱碳中和进程，搭乘绿色转型的发展快车，这样能够获得新的增长动力和发展空间。

2019年，环保组织"地球之友"起诉荷兰皇家壳牌集团（以下简称"壳牌公司"）。壳牌公司作为全球最大的石油公司，不仅在石油、天然气和石油化工领域占有较大市场份额，同时也是汽车燃油和润滑油的重要零售商。该环保组织认为壳牌公司危害了国家和地球的气候，破坏了公民的生存环境，要求其在减少温室气体排放上做出更大承诺。这场诉讼持续了两年。2021年5月

26日，荷兰法院判决壳牌公司要以2019年的碳排放为基准，在2030年降低45%的排放量。公众与传统能源巨头的博弈，最后以壳牌公司的失败而告终。

无独有偶，同期，有环保组织起诉了作为全球四大石油化工公司之一的道达尔（Total），要求道达尔停止石油勘探，减少石油开发，且其碳排放水平要在2020年的基础上降低27%。2021年5月28日，道达尔更名为"道达尔能源"(TotalEnergies)，并启用新的品牌标识，从而表明了道达尔向多元化能源特别是清洁能源进行战略转型的决心。

壳牌公司与道达尔公司的故事说明，在全球零碳行动的背景下，碳排放已经成为影响企业品牌形象和价值的因素之一。如果一家企业通过破坏环境来实现高增长、高收益，那么它在消费者眼中、在资本市场上都会被看低。而如果它是通过推动环境保护来实现发展，那么它就会大受欢迎。

全世界最大的四家传统车企一年能卖出2 000万辆汽车，远高于特斯拉一年40万辆汽车的销量。但是，排名前十的传统车企加起来的市值都没有特斯拉高。这是因为，碳排放已经改变了资本市场的逻辑。新能源汽车不仅仅是汽车，更代表了未来能源变革、无人驾驶、物联网的广阔市场空间，而且当下特斯拉还可以将新能源汽车转化为减碳指标，通过在资本市场销售碳排放权而盈利。特斯拉的汽车销售业务至今仍然亏损，却因为卖碳排放权赚了18亿美元。所以，低碳甚至零碳既是企业的责任与形象，更是企业的价值所在。

那么，企业应该如何实现碳中和？未来的企业又应该是什么样的？这些问题需要企业与企业家在不断探索中做出回答。

就目前而言，企业要实现碳中和首先需要弄清楚自己的碳排放量。企业的碳排放分为三部分：其一是企业自有设施的碳排放，比如制造企业的生产制造、火电企业的燃料燃烧等；其二是企业外购能源的碳排放，比如一些科技企业的数据中心、高耗能企业外购电力所产生的二氧化碳；其三是企业的上下游产业链、所销售产品在使用过程中产生的碳排放。企业可以从这三个维度入手，核算出自身的年度碳排放总量，然后制定相应的碳减排目标并拟订计划，以实现企业碳中和。

近几年来，全球已有众多企业制订了碳中和计划（见表11-1）。

表11-1　全球知名企业的碳中和计划

企业名称	预计实现碳中和的时间
苹果	2020年实现企业运营的碳中和，2030年实现全产业链碳中和
戴姆勒	2022年实现欧洲工厂碳中和，2039年实现全球工厂碳中和
微软	2050年实现历史累计排放碳中和
雀巢	2025年实现全球水业务全品类碳中和
通用汽车	2035年所出售的新车均为新能源汽车，2040年之前实现碳中和
IBM	2030年实现碳中和
AT&T	2035年实现碳中和
大众汽车	2050年实现完全的碳中和
三峡集团	2040年实现碳中和
中国宝武	2050年实现碳中和
蚂蚁集团	2030年实现碳中和

我们可以将这些企业分为四类：科技企业、消费品企业、高耗能企业和能源企业。

科技企业相比于传统制造业企业，实现碳中和的难度更小，所以在碳中和行动上更加积极，其战略目标也更为激进。

美国的科技巨头最早进行碳中和尝试。如谷歌在2007年就宣称要致力于实现碳中和，并于2020年宣布成为全球首家实现全生命周期净零碳足迹的企业。^① 苹果公司在 2008 年开始计算产品的全生命周期碳足迹^②，并在 2020 年宣布实现了企业运营碳中和（指各地的办公室、数据中心和 Apple Store 都使用了 100% 的可再生能源电力）。微软称在 2012 年实现了碳中和，2014 年起实现了所有新建数据中心平均电源使用效率（PUE）达到 1.125（PUE 越接近 1 表明能效水平越高，绿色化程度越高）。

我们就以谷歌为例，看看谷歌是如何实现碳中和的。首先，科技企业的数据中心是耗能最大的环节。谷歌为了解决数据中心的能耗问题，开发了能效水平更高的制冷系统，并依靠旗下人工智能公司 Deep Mind 不断提高系统能效，让数据中心的耗能大幅降低。其次，谷歌将节能设计融入办公场所，不仅在园区内建设充电桩，倡导绿色出行，还对建筑进行节能更新，如谷歌在山景城大楼上安装了约 9 万块太阳能电池，预计年发电能力接近 7MW。同时，还在山景城大楼内部建设了地热桩系统，在夏天可为室内降温，在冬天可为室内供暖。

与此同时，谷歌在 2017 年就通过购买清洁能源来抵消自身的能源消耗，并通过购买碳信用额（carbon credit）在 2020 年实现了自成立以来所有碳足迹的"清零"。

在实现公司自身的碳中和后，谷歌开始将目光转向供应商减排方面，投资 27 亿美元，为供应商提供新的清洁能源。另外，2019 年 9 月，谷歌设立规模为 20 亿美元的可再生能源项目基金，建设清洁能源基础设施；2020 年 8 月，谷歌又发行规模为 57.5 亿美元的可持续发展债券，其收益将用于解决环境问

---

① Pichai S.Our third decade of climate action: Realizing a carbonfree future[EB/OL]. (2020-09-14). https://blog.google/outreach-initiatives/sustainability/our-third-decade-climate-action-realizing-carbon-free-future/.

② Apple's Emissions Reduction Mission[EB/OL].(2021-03-24).https://unfccc.int/climate-action/momentum-for-change/climate-neutral-now/apple.

题。谷歌预计将在2030年实现全天候无碳运营，届时谷歌的所有数据中心和办公场所将实现完全的清洁能源供电。

谷歌的行动在行业内树立了标杆，中国科技企业也紧随其后。

2021年1月，腾讯提出碳中和计划，并在3月提出了较为详细的实施方案。它从企业内外部两个方面积极推进企业及产业的碳中和。

企业内部的碳中和主要集中在数据中心运营和公司运营上。解决数据中心的能耗问题依然是重中之重。腾讯的方案与谷歌类似：一方面积极探索光伏发电、风电、水电等清洁能源的应用。如腾讯云清远数据中心在厂房的屋顶规划建设光伏发电组件，建设完成后年均发电量约为1 200万kW·h。① 另一方面，通过技术创新降低传统数据中心平均电源使用效率，提升服务器能效。比如，清远数据中心的冷板式液冷技术，有望将数据中心的极限PUE降低至1.06。而且，经过软硬件一体化研发，腾讯云首款自主研发的服务器"星星海"散热性能提高了50%，云服务器的性能提升了35%。在公司运营方面，腾讯的信息系统已经全面覆盖行政、财务、IT、HR等领域，可以减少办公用纸消耗，促进日常办公的低碳化。另外，腾讯推行智能楼宇管理措施，比如推行中水管理系统、生态陶瓷透水砖、节能降耗管理、智能照明系统、过滤饮用水系统等。这些措施让腾讯滨海大厦每年可节省电量超过598万kW·h。

在企业外部，通过助力智慧办公、智慧政务、智慧建筑和智慧出行等，帮助产业实现效率提升与低碳排放。比如，腾讯会议让远程沟通更加便捷，5个月时间节约社会成本714亿元，有效降低了差旅出行带来的能源消耗。在智慧建筑的10个项目里，通过IoT、AI技术帮助项目方降低了碳排放量，每年

---

① 腾讯云：一图揭秘腾讯碳中和[EB/OL].(2021-03-25).https://www.kchuhai.com/pingtai/qcloud/view-25197.html.

可节约电能 750 万 kW·h，减少碳排放 7 477.5 吨。

国内另一家科技巨头蚂蚁集团，于 2021 年 3 月承诺在 2030 年实现净零排放。蚂蚁集团首先对办公园区进行节能减排改造，推出二手商品回收和垃圾分类回收平台，鼓励员工低碳办公、循环消费。而且蚂蚁集团也将技术能力应用于碳中和行动，如区块链技术的运用让碳排放、结算和审计的全过程更加公开透明。此外，最著名的要数蚂蚁森林。这款产品让 5.5 亿人种下超过 2.2 亿棵真树，对碳减排事业做出了不小的贡献。

科技企业走在前列，其他企业紧随其后。消费品企业与人们的联系最直接，其碳中和行动直接影响消费者的生活习惯。

优衣库是全球快时尚巨头，每年在全世界销售超过 10 亿件衣物。它的碳中和行动则与自身产品的生产与使用有关。其减碳思路之一，就是在衣料方面不断创新，以减少生产和使用过程中的资源消耗。生产牛仔裤的过程要消耗大量的水资源，特别是在水洗加工工序中，缝制完工的牛仔裤要使用大量的水来冲洗，以使其褪色并呈现出质感。为了降低能耗、节约用水，优衣库引进了高性能的洗涤设备，并在采用新技术后，开发出了创新的清洗方式。优衣库官网披露，其开发的 BlueCycle 节水牛仔裤产品，通过在生产过程中将纳米泡沫清洗与无须用水的臭氧气体清洗相结合，使节水率最高可达近 95%；高性能防皱衬衫／女装花式衬衫可降低消费者在使用过程中的能耗，产品在洗后不易起皱，可减少熨烫，既方便了消费者，又达到了环保节能的效果。

优衣库也提倡循环经济，所销售的部分高功能速干"DRY-EX" POLO 衫和长绒摇粒绒拉链外套，使用源自所回收塑料瓶的再生聚酯，不仅简化了生产工艺，还实现了原料的循环使用；门店提供可循环使用的棉质购物袋替代塑料包装袋。这些举措都减少了二氧化碳的排放。

在食品领域，我国著名的乳制品巨头伊利也在 2021 年 4 月正式宣布实施

"碳中和项目"。伊利是全国乃至亚洲最大的乳制品企业，每天向全球消费者提供超过1亿件伊利产品。

伊利的碳中和行动从产业链上游一直延伸到产业链下游，包括牧场养殖、产品制造、产品包装、绿色消费、绿色办公等多个领域。以牧场养殖为例，牧场沙漠化是部分地区在气候变暖下亟须解决的困境。为了应对内蒙古阿鲁科尔沁旗的牧场沙漠化问题，伊利积极推行种养结合的创新苜蓿种植模式，每年生产的优质紫花苜蓿、燕麦干草超过4万吨，让4.6万亩草原重焕绿色，在为奶牛提供优质饲料的同时，还治理了草原荒漠化。草业核心区的植被覆盖率已从2008年的不足10%，增长到2021年的90%以上。

2021年6月，联合国全球契约组织发布的《企业碳中和路径图》披露，2020年，伊利在环保上的总投入达1.89亿元，其中9 000万元用于推动低碳食品的加工制造；共开展节能项目591个，其中伊利的煤炭锅炉绝大部分已改建为天然气锅炉，每年可减少温室气体排放达58万吨。同时，引进余热回收、热泵等一系列绿色技术来提高工厂的能源利用效率。通过这些措施，伊利2020年较2010年累计减少温室气体排放达651万吨，整个"十三五"期间综合能耗累计下降18%。更重要的是，伊利收集了200多家主要原辅料供应商的碳排放信息，并进行产品碳足迹核算。这不仅推动了企业内部节能减排，更带动和影响了上下游企业对碳中和的重视。

高耗能企业往往来自传统制造业，它是实现企业碳中和中最难但必须攻克的堡垒。这些企业必须拿出壮士断腕的魄力才能够实现绿色转型。

以钢铁行业为例，钢铁企业是高耗能、高排放企业。中国最大的钢铁集团中国宝武已确定了碳减排目标：2023年力争实现碳达峰，2025年具备减碳30%的工艺技术能力，2035年力争减碳30%，2050年力争实现碳中和。为了实现目标，中国宝武在碳中和上进行了许多尝试。

比如，为了提高炼钢效率，中国宝武通过对富氢碳循环高炉工艺①的运行机理和生产试验进行研究，探索在超高富氧鼓风或100%富氧条件下实现炉身、风口喷吹高温自循环煤气和焦炉煤气，打通富氢碳循环高炉煤气自循环工艺的技术路线，从而具备高炉工序减碳30%以上的能力。这为今后传统高炉实现煤气自循环喷吹的低碳冶金技术，以及逐步向氢冶金技术过渡，奠定了基础并提供了技术保障。在碳捕获上，中国宝武旗下的八一钢铁建立了研究碳捕获的相关实验室，将生产过程排放的二氧化碳分离并收集起来，利用技术手段储存并加以循环利用。此外，中国宝武还积极参与碳交易试点，上海宝山、武汉青山、湛江东山三个炼钢基地均在碳交易试点区域。此外，中国宝武也在积极开展植树造林工程，通过森林固碳抵消企业的碳排放。

能源企业是实现碳中和的关键，它们的业务发展与能源转型密切相关。

在前面，我们提到了壳牌公司与道达尔公司在碳中和事业上做出的改变，这是传统能源企业面临的危机。当然，并非所有的能源企业都像壳牌公司与道达尔公司一样陷入被动，还有不少企业正在积极拥抱转型。英国石油公司（BP）就是其中之一。BP在2020年2月提出将在2050年实现碳中和，此后便开始积极进行业务调整。2020年6月，BP宣布将全球石化业务出售给英力士集团（INEOS），作价50亿美元；同时，宣布在2021年到2030年的10年间，每年在绿色能源上的投资要达到50亿美元左右，这相当于2020年度绿色能源投资额的10倍。

此外，BP也为实现自己的绿色能源产量制订了雄心勃勃的计划：截至2030年，可再生能源产量较2019年扩大20倍，发电装机容量增至5 000万kW。其中，光伏发电是十分重要的一环。早在2017年，BP就已经收购了欧

---

① 富氢碳循环高炉工艺是指在传统冶金工艺中以氢代碳，从而大幅减少钢铁冶金流程排放的温室气体，直至实现钢铁冶金生产过程的碳中和。

洲领先的太阳能开发商 Lightsource 43% 的股份，未来 BP 还将增加在光伏产业链上的投资。

风能、氢能也是 BP 的投资重点。2020 年 9 月，BP 收购挪威国家石油公司（Equinor）在美国的两家海上风力发电厂，开始进军海上风电领域。同年 11 月，BP 与丹麦可再生能源集团 Orsted 合作，开发零碳氢气，并计划在 2030 年将自己在全球氢气核心市场的份额提升至 10%。除了在能源产业链上游频频出手外，BP 也将触角延伸到能源消费端。2018 年，BP 投资快速充电电池开发商 StoreDot，收购英国最大的电动汽车充电公司 Chargemaster。2019 年，BP 又与滴滴成立合资公司，进军电动交通领域。

这些措施都表达了一个传统能源企业正在向新能源全产业链企业转型的迫切心情。它代表了能源发展的趋势，供应清洁能源必然是未来最重要的碳中和实现手段。

通威的碳中和实践

通威集团作为全球清洁能源供应商，自然也致力于实现企业碳中和。

2021 年 2 月 1 日，通威集团宣布全面启动碳中和规划，推动公司绿色低碳发展。这是一家中国绿色能源企业对全球应对气候危机、改善地球生态所做出的承诺，也是探索企业碳中和路径的尝试。

在上游，通威集团旗下永祥股份的各生产基地在选址时会优先考虑邻近清洁能源富集地区，以减少生产过程中的碳排放，促进对当地绿色电力的消纳。如四川、云南等地拥有丰富的水电资源，适宜利用清洁的水电发展绿色工业，所以永祥股份在这类地区先后建厂。

目前，永祥股份在多晶硅领域已实现 85% 以上的能源供给来自水电、风电和光伏发电等绿色电力。同时，通过多年的技术积累和科研创新，永祥股份已形成了完整的化工与新能源相结合的循环经济产业链，能够在提升产品质量的同时，大幅降低能源消耗。现在，永祥股份基本上已实现锅炉的"煤改气"，随着未来电力化消费的普及，更是有望实现工业生产的全电力化。届时，工厂的烟囱将不再排气，而是作为一个时代的标志性建筑，永久地矗立在那里。

在新能源产业链的中游，通威太阳能通过打造光伏电池绿色供应链，升级智能制造，提高生产效率，降低能源消耗；同时，通过实施绿色供应商管理、加强供应链信息的沟通和共享，号召产业链所有供应商节约能源资源、保护环境，推动光伏产业的经济效益、环境效益和社会效益的协调发展。

截至 2022 年第二季度，通威太阳能光伏电池全球累计出货量突破 100GW。100GW 电池，每年可生产清洁电力约 1 387 亿 kW·h，可满足 8 215.1 万户城乡家庭 1 年的用电需求，意味着减少二氧化碳排放量约 1.38 亿吨，减少二氧化硫排放量 416 万吨，节约标准煤约 5 548 万吨，相当于种植阔叶林约 75.56 万公顷。

在下游终端电站中，截至 2022 年 6 月，通威集团已在全国 20 多个省市开发建设了超过 48 个以"渔光一体"为主的光伏发电基地，并网规模超过 3GW。

到现在为止，通威集团的每个制造环节、制造基地——无论是资源匹配、周边的自然环境，还是物流距离，在行业中均处于领先地位，基本上没有太多的拐弯抹角、重复运输、重复占用、时空扭曲的情况。无缝对接、最短距离、最低成本、最少时间是目前产业链建设过程中的一贯要求。只有实现资源的最优匹配，才能实现最少的碳排放。

通威集团在光伏业务板块的碳中和实践也延伸到了农牧板块。如在饲料生产上,生产部门正抓紧考虑是否可以用电力小锅炉替代过去的煤炭燃烧方式来获取所需的蒸汽。根据永祥股份的经验,烧煤炭往往需要煤炭堆场、锅炉房、流化床、烟囱等,并配有工作人员 24 小时连续值班。这便会产生高昂的人工成本、设施设备的磨损及维修费用、场地费用等。通过天然气改造,完全可以做到无人值守,在基本实现零空间占用的同时,成本也能得到控制。应用到农牧板块中,采用电锅炉的方式进行自动管控,效率会高出很多,并且启停自如。不仅如此,固定资产费用分摊、维护费用、人工成本都将更低。

通威集团的地产板块也可进行许多优化。例如,未来的地产项目可不再引入天然气。过去,天然气炉具和管道不仅不美观,而且不安全,燃烧还会排放二氧化碳。在不久的将来,天然气燃烧会成为历史,直接用电就能满足需求,还能节省大笔天然气接入费、管道费、炉台费。

与此同时,在 2021 年 7 月 30 日,通威集团正式加入联合国全球契约组织。这是联合国于 2000 年 7 月 26 日发起成立的全球最大的以推进社会可持续发展为目标的国际组织。该组织旨在促使企业与国家可持续发展,缩小全球贫富差距、改善日益恶劣的自然生态环境。通威集团正从幕后走向台前,在全球的注视与监督下,打造实现可持续发展和解决气候问题的通威方案。

同一天,通威集团还宣布加入中国企业气候行动。该组织由万科公益基金会、阿拉善 SEE 基金会、大道应对气候变化促进中心等数十家环保协会及机构,在 2018 年全球气候行动峰会上共同发起。中国企业气候行动将中国企业家和社会各界动员起来,推动其在生活方式、生产方式、消费模式、技术创新等方面深度参与碳中和行动,通过行动来积极促进企业和产业的碳中和进程。通威集团旗下的永祥股份也于 2021 年 4 月 30 日获得了"科学碳目标"(SBTi) 的认可,正式加入该全球倡议。通威集团积极参与全球行动,为推动碳中和的实现做出了重要贡献。

而就整个光伏产业而言，碳中和也将很快实现。原来生产1千克硅料耗能300kW·h，现在已经降到了50～60kW·h。在拉棒切片环节需要消耗20～30kW·h，在玻璃铝合金电池组件生产等环节还将消耗20kW·h。但是实现光伏发电后，4～6个月产生的清洁电力就可以抵消多晶硅生产过程中的能源消耗。根据专家的分析，光伏产业因生产制造，每排放1吨二氧化碳所对应的光伏发电效能将可避免300～500吨的二氧化碳排放，这个数据非常可观。

由此可见，以光伏产业为引领，在碳中和道路上，中国企业拥有很好的转型基础。依靠全球第一的制造业、领先的零碳能源技术、蓬勃的创新渴望和能力，只要目标明确，中国企业就有能力实现碳中和。

消费者改变零碳进程

碳中和不仅改变了产业与企业，更是与我们每个人紧密相关。

当我们谈论气候变化、碳中和与能源变革等宏大叙事时，更应关注个体的遭遇。因为世界与我们每个人休戚与共，气候变化会影响我们每个人的日常生活；而我们的一举一动虽然作用微小，却会产生蝴蝶效应，深刻影响历史进程。

碳中和意味着我们的生活方式将发生巨大改变。而我们针对这些改变的态度与行动，又会反过来推动或延缓碳中和进程。作为地球居民、人类社会的一分子，我们理应积极拥抱全球能源与经济的绿色转型，理应积极拥抱低碳的生活方式。

2020年，中国排放了102亿～108亿吨二氧化碳，相当于平均每个人排放了7.2～7.7吨二氧化碳，按此计算，一个三口之家就排放了21.6～23.1吨二氧化碳。这一数字一定会让人大跌眼镜，人们不禁反问：我们的个人生活真的会排放这么多二氧化碳吗？虽然这并非每个人的直接排放量，但它确实来自人们的生产与生活活动。

那么，这些二氧化碳来自哪里？它们也许来自你的移动生活：根据苹果公司公布的 iPhone X 手机环境报告，一部基础版的 iPhone X 在生产、运输、使用及回收的全过程中会产生约 79 千克二氧化碳当量的温室气体。它们也许来自你的服饰：英国剑桥大学的研究显示，一件 250 克的纯棉 T 恤，从原料提供到最后的回收或者焚烧，整个生命流程消耗的能量可折合约 $30kW\cdot h$ 的电，排放的二氧化碳约为 7 千克。它们也许来自你的饮食：生产 1 千克肉类，大约会排放 36.4 千克二氧化碳；生产一小碗米饭，大约会排放 0.09 千克二氧化碳……

由此可见，对于我们普通人而言，日常的消费活动正是主要的碳排放来源。

居民的消费是一切生产与服务的终点。消费行为对碳排放有着极为重要的影响。改革开放 40 多年来，中国社会的消费规模增长迅速，居民消费的目的已经从解决温饱问题转向寻求发展与享受。以通威集团涉足的领域为例，消费者对水产品的需求不再是"有鱼吃"，而是吃得上新鲜、健康的生态鱼。在饲料生产方面，面向水产、家畜等领域的饲料增长已经趋于稳定，但是宠物行业的饲料销售近年来显著增长。这些现象都说明，中国社会的消费已经进入了一个新的阶段。

但是，消费的发展使得环境承受的压力和对能源的需求与日俱增。过度、浪费和享乐等不合理消费方式加剧了资源环境问题，消费领域成为环境污染和温室气体排放的主要来源。有研究表明，美国 45%～55% 的能源消费源于消费者的行为活动。韩国消费者产生的能源需求对应的碳排放占全国碳排放的比重是52%。在英国，居民碳排放占全国总排放量的74%。[①]

而在中国，居民能源消费的增速连续多年超过工业能源消费的增速，在所有能耗中的占比稳定在20%以上。自2005年我国人均温室气体排放达到全球平均水平以来，人均温室气体排放增速始终保持在一个较高的水平。预计到2037年，中国城乡居民的直接二氧化碳排放量将达到峰值（6.73亿吨）。形势比我们想象的更加严峻，是时候行动起来了。

我们希望每一位地球居民，都能够为应对气候危机和实现零碳贡献一份力。这并不意味着你必须降低自己的生活水平。你只需要做到：

（1）拥抱低碳消费。什么是低碳消费？低碳消费就是在满足消费者消费需求和发展需求的前提下，选择碳排放水平更低的生活方式。它是一种环境友好、主张适度、反对铺张浪费的消费观念，它强调的是消费者必须为社会和后代负责、必须为未来负责。2020年，我国刚刚实现全面小康、摆脱贫困。未来我国的消费一定会平稳快速增长。如果我们还是保持原来的消费方式，那么碳排放仍会只增不减。所以，我们必须让消费增长与碳排放脱钩，这样才能实现低碳消费和碳中和。

低碳消费意味着改变冲动性消费习惯。在消费主义的广告与宣传下，个人往往购买许多并不需要的商品。冲动性消费导致个人碳排放急剧增加。或许我们应该审视一下自己的日常生活，减少不必要的消费，同时尽量延长所购买商品的使用寿命。

（2）节约粮食，适度调整饮食习惯。农业生产是碳排放的来源之一，每

---

① 中国长期低碳发展战略与转型路径研究课题组，清华大学气候变化与可持续发展研究院.读懂碳中和[M].北京：中信出版社，2021.

粒粮食不仅凝结着劳动者的汗水，还关系到国家粮食安全与环境安危。节约粮食应该成为我们的生活习惯之一。研究人员发现，在所有的农业活动中，牛肉生产是碳排放最多的板块。《美国科学院院报》发表的研究报告提到，牛肉行业对环境的负面影响最严重。具体而言，与乳品、禽类、猪肉和鸡蛋这四个行业的平均值相比，牛肉需要 28 倍的土地、11 倍的灌溉用水、6 倍的活性氮肥。联合国粮农组织和世界资源研究所统计，包含养牛在内的畜牧业所排放的二氧化碳目前大概占全球排放总量的 15%。在 2018 年的《科学》杂志上，牛津大学的学者约瑟夫·普尔（Joseph Poore）和瑞士农业研究机构 Agroscope 的学者托马斯·尼密茨克（Thomas Nemecek）发布了一份研究报告，称牛肉消费是畜牧业主要的二氧化碳排放来源，占畜牧业排放总量的 41%；而猪肉、禽肉禽蛋消费的二氧化碳排放量分别只占 9% 和 8%。① 因此，牛肉消费急需碳中和解决方案。所以，不少国家和企业都在探索人造肉的可能，想在满足人类对蛋白质的需求的前提下，以更低碳的人造肉代替真肉消费。

而具体到我国，中国每年人均营养碳足迹是 1 050 千克，其中肉类消费的碳排放占到 44%，鱼和蔬菜消费的碳排放各占 10% 以上，谷物消费的碳排放占比不到 10%。② 所以，在满足营养需求的前提下，适度用鸡鸭鱼肉和蔬菜水果代替部分猪牛羊肉，可以减少每个家庭的碳排放。

（3）选择绿色出行方式。在交通领域，中国人每年的碳排放为 1 092 千克二氧化碳当量，其中一半以上是乘坐汽车所致。如果我们日常出行选择电动车、公交车等方式，能够减少大量的碳排放。截至 2019 年底，我国有约 60 万辆公共汽车，其中超过半数是电动车。截至 2020 年底，全国有近 40 座

---

① 马霖，韩舒淋.牛的碳排放接近美国，如何"碳中和"一头牛？[EB/OL].(2021-03-28).https://finance.sina.com.cn/stock/hyyj/2021-03-28/doc-ikkntiam9795658.shtml.

② 中国长期低碳发展战略与转型路径研究课题组，清华大学气候变化与可持续发展研究院.读懂碳中和[M].北京：中信出版社，2021.

城市建设了规模约 8 000 千米的城市轨道交通系统。这些公共交通系统不仅方便了人们出行，还对减少碳排放做出了贡献。除此之外，骑自行车、步行等也是绿色出行方式。绿色出行不仅可以缓解城市交通拥堵，还能够减轻大气污染、减缓生态恶化。

（4）养成绿色居家生活习惯。在居住领域，中国每年的人均碳排放为 1 350 千克二氧化碳当量，单位面积的碳排放量是 39 千克 / 平方米，其中家庭用电占到住房碳足迹的三分之一以上。随手关灯、做好垃圾分类、对房屋进行节能改造、对家电进行更新维护、用晒干代替烘干、调高空调的制冷温度、降低热水的温度等都可以减少对能源的使用，降低碳排放。

（5）保护森林，参与生态建设。森林碳汇是有效的固碳方式。据统计，一亩成年树林一天大约可吸收 67 千克二氧化碳。个人可以积极参加植树造林活动，不乱砍滥伐，不购买一次性筷子等木制品，并节约用纸、回收旧家具等。

如果你还是一位企业家或者投资人，我们建议你积极投身绿色产业。

（1）推动企业低碳升级。在企业内部，减少高能耗、高排放项目，积极推动传统业务优化升级，带动企业向低碳环保的方向转型，实现中国制造的高端化、低碳化和绿色化。

（2）增加对节能环保领域新材料、新能源、新装备等的投资，促进高效、清洁、低碳、循环的绿色制造经济的发展。

（3）推动绿色低碳技术创新。结合企业主业，增加对绿色低碳技术的科研投入。发展资源循环利用链接技术，以及具有推广前景的低碳、零碳和负碳技术。

我们相信,在所有居民、企业家和企业的努力下,"蓝天白云常在、青山绿水常伴"这个美好愿景会很快变成现实。我们期待更多的人参与到碳中和的具体工作中来。实现碳中和任重而道远,若干年后,当我们回忆这段征程时,一定会感到骄傲和自豪!

第十二章

寻找可持续的未来

能源贯穿人类历史的始终，能源变革深刻影响文明形态的演进。实现碳中和、推动能源革命，意味着转变发展模式。我们不禁要问，在这一进程中人类将会迎来什么样的未来？沿着原有路线向前，是逐渐失控的未来。改变路线，我们也许可以找到一种可持续的未来。碳中和与可持续发展的现代化相辅相成，一种超越工业文明的文明形态正在孕育。

实现生态文明

预测未来是困难的，因为未来充满不确定性。但是，我们对未来的痴迷却从未改变。未来，象征着超越当下的秩序。人类总是在不断超越中持续向前，正在发生的能源变革是确定无疑的道路。这也意味着当下的秩序正在被打破，长达数百年的工业文明正在被一种新的文明形态所超越，这就是生态文明。

农业文明的诞生与发展，对应的能源基础是人力与畜力。与工业文明的诞生与发展相对应的是化石能源。生态文明则是以可再生能源为支撑的文明形态。以能源变革为支点，推动碳达峰与碳中和进程，是生态文明演进的关键动力。它反映出与工业文明明显的不同之处：工业革命的生产力进步、经济增长，都是建立在碳排放增长的基础上。而这一次则是将碳排放与经济发展脱钩，建立在碳排放的持续减少之上。这是一条影响深远的、可持续的绿色工业化之路，需要创新绿色技术、使用绿色能源，将高碳经济转变为低碳经济，构筑低能耗、低污染的经济发展体系，以实现温室气体零排放、经济发展高增长的目标。它不是一种牺牲环境成全经济的单一发展模式，也不是一种牺牲经济保护环境的单一发展模式，而是这样一条路径：既要实现社会、经济的快速发展，又要实现低能耗、零排放的可持续发展。未来40年，随着可再生能源的广泛应用，生态文明必将开启下一个人类阶段。

人类将迈向生态文明，并将其建立在对工业文明的反思与批判之上。正如工业文明脱胎于农业文明一般，生态文明在工业文明的基础上有所扬弃，并不断完善和提升，形成一种符合时代发展趋势的新文明体系。这一文明体系将避免工业文明的局限性，在保证资源永续利用与环境可持续发展的同时，又推动社会不断前进，这也是生态文明区别于过往其他文明最为显著的特征。

这首先表现为哲学观念上的差异。生态文明在看待人与自然的关系时，秉持"人与自然和谐统一"的价值观。这是一种以人为本的价值理念，是对工业文明时代个人主义的超越。人与自然和谐共处，满足的是人类整个族群的长远发展需求，而不是追求人类当下利益的最大化。生态文明更注重提高人的整体素质。它超越了工业文明"人是自然的主人"这一观念，把人当作自然的一部分，人的一切行为都要充分尊重自然规律。自然资源是有限的，人类在利用自然资源时，应当以资源的可持续利用为前提。作为一种全新的文明模式，生态文明将人与自然协调发展作为行为准则，追求经济、社会、环境的可持续发展，表现在人与自然和谐共生。过去，人与自然的关系经历了人类臣服自然、人类改造自然、人类主宰自然三大阶段，在这个过程当中，人与自然的关系逐步失衡。在生态文明阶段，人与自然的关系恢复平衡。我们更加深刻地意识到，人类生活在自然环境中，唯有环境美好，我们的生活才会美好。

经济与环境的和谐共生也是同样的道理。过去，人类一味谋求发展速度。随着各类技术的兴起，我们自以为掌握了主宰自然的权力。但在机器轰鸣声中，在浓烟滚滚中，人类很快尝到了苦果。在生态文明阶段，我们追求经济发展与生态美好之间的平衡，调整产业结构，推动战略性新兴产业、高技术产业、现代服务业加快发展，推动能源清洁低碳安全高效利用，持续降低碳排放强度，促进经济发展与环境美好和谐共生。

基于人与自然相统一的哲学观念，生态文明表现出了"整体性"的特征。

工业文明发展的基础之一，便是地理大发现和交通发展带来的整体性世界。但是，工业文明的整体性是有缺陷的：其一，在过去数百年间，发达国家与发展中国家之间并非互惠互利，而是单方面的掠夺和剥削；其二，人类社会与自然界之间是征服与利用的关系，而不是统一的关系。生态文明则实现了对工业文明的超越。它在原本全球化的基础上，最大限度地实现不同国家之间的利益统一，使它们从零和博弈走向正和博弈。它倡导人类社会的整体利益。同时，它将人类社会与自然界之间的互动关系整合进地球系统中，让人类发展与自然生态构成和谐的整体。我们知道，气候危机是全球性、全人类的共同危机，它并不受地域或国界的限制。这就要求必须以整体性的思维观念进行全球治理，这既包括不同国家之间的联合与共治，也包括人类社会与自然世界之间共存与平衡的双向互动。清洁能源变革，正是改变不同国家之间因能源多寡产生矛盾，实现人类社会发展与自然生态保护的重要方式。

生态文明社会具有生态系统性的特征。我们的社会结构将模仿生态系统结构，从而是一种多样化、动态稳定的社会结构。在这样一个社会里，资源利用是高效且无污染的。生态系统本身是一个生产—消费—分解的循环系统。植物吸收土壤中的营养物质、水分，通过光合作用生长，然后被食草动物食用，食草动物又被食肉动物食用，食肉动物死亡后尸体被微生物分解回归土地。在这一能量聚集和消散的链条中，资源得到有效、充分的利用，没有污染，也没有浪费，形成了物尽其用和循环的生态模型。人类社会也将如此，通过对生态系统的模仿，实现资源的高效循环利用。

与此同时，生态系统有着非比寻常的稳定性。这是建立在生物多样性之上的动态稳定。当这个系统中的某个环节出现停滞或遭到破坏，在很短时间内，系统内的其他组织细胞能够很快弥补缺陷，成为新的运营节点，支撑系统继续稳定运行。这就如同未来社会的分布式能源的结构模型。当每个个体、家庭、企业或者其他组织同时成为能源的消耗者和供应者时，一个动态稳定的能源系统和社会系统便建立起来。社会整体的抗风险能力将得到极大的强化。

在这样一个未来中，创新能力将是个人与企业竞争优势的根本来源。源源不断的清洁能源供给，解决了人类社会财富分配不均的问题。竞争则来自创造力。在工业文明阶段，标准化的生产方式大大提升了生产效率，但与此同时，按部就班的工作、流水线式的操作流程磨灭了人的个性。在生态文明阶段，数字化、智能化技术大大解放了人的双手，甚至是大脑，个体的创造力被持续放大。我们的个人意识、个性化想法都能自主表达。大工厂单一重复劳动的工作方式，逐渐被多元化且极具创造性的内容代替。这是一个个体可以自主表达的时代，每个人都有创造价值的可能性。

互联网、数字化技术、智能制造等都推动了生态文明建设。以中国"3060"双碳目标为例，中国每年的碳排放达到100多亿吨，占全球碳排放的20%以上。如期实现"双碳"目标，则意味着我国作为世界上最大的发展中国家，将用最短的时间完成全世界最大的碳排放降幅。在这样的目标压力下，科技创新势必会发挥巨大的能量。科技创新是推动经济发展的动力，是实现高质量发展的需要，也是实现"双碳"目标的必要条件，必将引领生态文明建设。例如，在大数据技术的助力下，我们可以通过对碳排放数据的收集、捕捉，更科学合理地减排，使得减排计划有的放矢。各行各业在实现"双碳"目标的过程中，都需要依靠不同的科技创新作为支撑。例如，在光伏产业中，从上游的硅料，到下游的电站，以及储能等各环节，都蕴藏着大量的科技创新机会。这些科技创新所带来的经济增长、产业创新、绿色转变，非常值得期待。

未来数十年,"双碳"目标是推动我国从工业文明迈向生态文明的重要抓手,符合人类社会发展的基本规律,顺应了人民群众对美好生活的期盼;是推进我国经济社会发展动力转换的重要引擎,推动着新冠肺炎疫情后世界经济的"绿色复苏",汇聚起可持续发展的强大合力;是保障国家能源安全的重要举措,能大幅降低我国油气的对外依存度,提高我国能源安全保障能力。在达成"双碳"目标的过程中,我们要持续推动生态文明范式转变,持续不断推动节能减排,找到应对气候环境变化的平衡点,形成高质量的生产、生活方式。

践行绿色合作

生态文明的整体性促使人类必须走上合作开放的道路。我们需要的不仅是绿色、生态的未来,更是一个团结合作、多方共赢的未来。

1994年3月21日,《联合国气候变化框架公约》正式生效,至今已经有近200个缔约国。该公约是人类团结的象征,它的存在强调了应对气候变化危机的核心:人类只有携手共进,才能真正阻止气候灾害的到来。

但是,本该全人类相互合作的时候,国际社会的分裂却与日俱增。比如,特朗普当选美国总统后不久便宣布退出《巴黎协定》,这一"逆全球化"之风对全球气候治理造成了阻碍。[①] 此外,2020年新冠肺炎疫情的暴发给产业链的全球化蒙上了一层阴影,"逆全球化"抬头更甚。

"逆全球化"之风可能会使人类在实现生态文明的道路上存在障碍,但生态文明建设之路绝不会停止。这是与全人类息息相关的话题,只有全球协作,才能取得成效。

---

① 2021年2月,极寒天气席卷美国得克萨斯州,当地电力系统突然崩溃,对当地造成了巨大威胁。在此背景下,美国正式重返《巴黎协定》。

第十二章 寻找可持续的未来

2020年前后，以中国为代表的世界各国相继提出碳中和目标，重申《巴黎协定》精神，这正是在缝合国际社会的裂痕，重塑人类的团结，并为破解全球气候治理与社会经济发展难题提供了中国方案。截至2021年上半年，全球已有超过130个国家提出了"零碳"或"碳中和"目标。其中，大部分计划在2050年实现。

全球气候问题与碳中和目标，激发人类创造了一种共同的语言。这是一种超越国界、凝聚共识的语言，它基于全人类建设地球家园的愿望，将各个国家紧密团结在一起。从这个角度来说，气候问题强化了人类必须合作的共识，为人类在技术、资源、投资领域的合作搭建了平台，也与我国一直倡导的多边主义契合。我们将会看到，最终因应对气候变化问题而形成的绿色全球化将推动又一波全球化高潮的到来。未来，全球联系将更加紧密，绿色一体化是大势所趋。

欧美在过去20年里的发展经验也值得中国学习。英国是工业革命的先行者，也是最早出现大气污染的国家之一。处于最高峰值时，英国的煤炭消费量占到了全球消费总量的一半。大量煤炭的燃烧，甚至让伦敦多了一个"雾都"的别称。为治理大气污染，英国采取了许多减碳减排措施，比如征收气候变化税、建立碳市场、征收碳税和开发碳金融产品等。总的来说，英国一方面通过征税来抑制传统高污染、高排放行业，另一方面积极为节能减排工作筹集资金，刺激清洁能源行业发展。英国先进的绿色发展经验，能帮助我们在绿色治理上少走弯路。

美国的加利福尼亚州也是应对全球气候变化的区域引领者。加利福尼亚州是美国经济总量最大的州，同时也是在清洁能源发展和环境保护上最激进的州。从2016年起，加利福尼亚州就已实现电力消费的三分之一都由清洁能源来提供。州长杰里·布朗在他的第一个任期内就提出，要在2026年实现一次能源50%以上来自可再生能源，2045年完全实现可再生能源对传统能源的替代。他所说的这个计划不是纸上谈兵，加利福尼亚州正在积极推进一套完全低碳发展的制度。尤其是在建设低碳发展的组织机构体系、完善的地方低碳支撑体系、地方低碳发展推进机制、地方区域发展合作机制等绿色体系建设方面，加利福尼亚州经验具有借鉴意义。地方低碳支撑体系的建立，是未来的努力方向。虽然这只是从光伏产业这个切面去观察欧美的绿色治理，但窥斑见豹，我们可以把光伏作为绿色发展的一个缩影，看清新能源在欧美国家绿色发展中扮演的重要角色。

今天的中国不仅国富民强，而且生态环境越来越好，人民的生活质量也有了很大的提升，逐渐向发达国家看齐。不过，在世界其他地区，还有许多欠发达国家需要帮助。在东南亚一些国家，当地的经济环境、生态环境堪忧，就连最基本的居民用电问题都没有得到解决。每当夜幕降临，许多民众便生活在黑暗之中。作为地球这个大家庭中的一员，作为人类社会的一分子，帮助这些国家走向富裕、迈向生态文明，是全球的责任与使命。

基于此，我国在2013年提出"一带一路"倡议，尝试连接亚欧大陆的两大经济圈，鼓励国内企业"走出去"投资经营，也欢迎沿线国家到中国来投资发展。这一倡议通过推动中国与沿线国家开展双边合作，对中国和沿线国家的经济发展、民生改善，都起到积极作用。

"一带一路"沿线国家主要集中在亚洲中部、西部和非洲北部，这些地区分布于赤道至南北纬30°附近，是全球太阳能最丰富的地区。这些地区拥有广阔的沙漠、荒漠，极度干旱，并不适合人类居住，但是地广人稀、光照充足的自然属性却为发展太阳能提供了便利。

"一带一路"沿线国家的太阳能资源可以提供一种环境友好型发电替代方案，以减少或替代化石能源发电，这提供了将未来经济增长与碳排放增加脱钩的解决方案。在"一带一路"沿线，只需开发其中3.7%的光伏发电潜力，装机规模就可高达 7 800GW，能满足沿线国家至 2030 年的全年电力需求。[①] 这无疑会显著改变这些国家的能源利用现状和未来发展模式。对于巴基斯坦、阿富汗等经济欠发达国家而言，可通过获得更低价的能源促进国民经济大发展。对沙特阿拉伯等富油国而言，光伏太阳能给了它们在石油被弃用之后，维持自己能源大国地位的又一选择。

迄今为止，依靠完善的产业链、技术实力和制造能力，中国制造极大地降低了新能源成本，使得光伏发电和风力发电的成本低于天然气发电和油煤发电的成本。将新能源产品带到"一带一路"沿线国家，正是我国为全球可持续发展做出的贡献。截至 2018 年底，中国企业以股权投资形式在"一带一路"沿线的 64 个国家投资建设了规模达 12.6GW 的光伏、风电项目。同时，中国还对有关国家的可再生能源项目进行重点帮扶，每年的投资额维持在 20 亿美元以上，并提供技术支持、能力建设支持、咨询服务，积极推动中国企业与其他国家在能源系统上的合作。在此基础上，广大的"一带一路"沿线国家及欠发达国家，能够跨过"先污染后治理"的老路，在谋求发展的同时依靠清洁能源向生态文明迈进，踏上可持续发展的快车道。

阿尔及利亚是非洲北部的一个国家，当地的日照时数可达 3 200 小时 / 年（我国的平均日照时数为 2 450 小时 / 年），极其适合发展光伏发电，但由于制造业落后、新能源技术薄弱，经济发展依然严重依赖传统化石能源，并且凭借一己之力很难实现能源转型。于是，中国与阿尔及利亚携手合作。中国企业从 2013 年承建当地的光伏电站，到 2018 年项目竣工，装机容量为 233MW。如果设备正常运行，每年将为当地节省石油近 35 万吨，从而为该国的能源转型奠定了基础。2020 年，阿尔及利亚推出了自己的光伏计划，并计划在四年内新部署 4GW 的光伏装机容量。这无疑是在能源变革的道路上迈出了重要一步。

---

① 刘汉元，刘建生. 重构大格局 [M]. 北京：中国言实出版社，2017.

再比如非洲人口最多的国家尼日利亚，在光伏的应用中获得了发展的新动力。尼日利亚位于西非东南部，是世界上长年缺电的国家之一。2015年，尼日利亚拥有电力的居民仅占40%，超过一半（约1亿）的居民用不上电。并且，由于电网等相关电力基础设施匮乏，接上电网的居民也无法得到稳定、持续的电力供应，平均每天只有3～6个小时的有效供电时间。仅2020年，尼日利亚的国家电网就在一年中崩溃了11次。

在这样的背景下，光伏发电对非洲国家改写长期缺电的历史具有决定性作用。尼日利亚的光照条件得天独厚，拥有丰富的太阳能资源。自2016年开始接入光伏项目，尼日利亚拥有电力的居民比例从2015年的40%增至2020年的54%。5年间，14%的增幅，几乎都是由光伏离网发电贡献的。尼日利亚的缺电地区许多都是偏远的农村，而建设小规模分散型光伏发电设施，利用离网发电相对较小的建设规模和技术难度，既能避免接入电网增加基础设施负担，又方便落地推行。这种推动乡村发展的方式，为尼日利亚发展提供了新动能。

目前，尼日利亚政府制定了到2030年新增23 134MW的长期目标。以太阳能为首的可再生能源，将有效助力尼日利亚电力改革。根据国际可再生能源机构的数据，预计到2050年，以太阳能为首的可再生能源有望引领尼日利亚经济增长11%～13%。

如果计划能够顺利完成，尼日利亚完全可以通过太阳能发电一举摘掉"黑暗国度"的帽子，并且能水到渠成地解决贫困问题。因为能源对经济发展的撬动力量是巨大的，借助光伏推动经济发展，不仅可以助力尼日利亚消除贫困，甚至可以使尼日利亚通过光伏兴国。但这一宏大目标有一个必要的前提，那就是尼日利亚基础设施的空白必须得到填补，必须构建起配套的能源设施网络，避免大面积"弃光"。

而事实上，基建是非洲面临的最大痛点。现在的非洲正遭受着9 000亿美元的基础设施赤字危机。基础设施的严重缺乏，限制了非洲的经济增长。

我国的"一带一路"倡议，正在最大限度地帮助非洲弥补这一短板。电力行业被划为"一带一路"建设的优先领域。中国企业承建了非洲 37 个国家和地区的电力项目，并为它们提供电力开发、清洁能源发展、国家骨干电网等建设方面的"一揽子"解决方案。

埃塞俄比亚 GDHA 500 千伏输变电工程，采用成套的中国电力技术和装备建设，刚一建成，就带活了当地的电力输送。中国经验成功造福了非洲 37 个国家和地区的人民。据估算，2010—2020 年，因为电网的发展和发电装机容量的增加，非洲通过接入电网获得电力的居民新增了 1.2 亿，其中中国企业的贡献率高达 30%。

撒哈拉以南非洲地区，从夜间拍摄的卫星图来看，几乎处于黑暗中。整个非洲大陆有近 6 亿人完全没有电力供应，很多人还依靠煤油灯来照明。相信等到跨国输电线路、国家骨干电网、城市和农村配电网等电力设施建设完善，非洲可再生能源电力输送的"任督二脉"将被打通，甚至非洲经济的可持续发展都将得到有力支撑。

"中国制造"走出国门，将为沿线国家的生态、税收、就业等做出巨大贡献。粗略估计，未来 10 年，在新能源的带动下，"一带一路"沿线国家将会新增一倍的就业机会，将极大地促进沿线国家的经济发展。在"一带一路"沿线国家中，已经有 38 个国家发布 2020—2030 年可再生能源装机规划，总量已达到 644GW，其中光伏发电、风电的总投资达到 6 440 亿美元。[①] 所以，对欠发达国家而言，它们未来的能源体系建设可以跨过"先污染后治理"的发展阶段，直接进入可再生、可持续、清洁发展的新时期。中国制造带给"一带一路"沿线国家巨大的发展机遇。这些机遇不是高耗能、高污染、先污染后治理

---

① 中国新能源海外发展联盟."一带一路"可再生能源发展合作路径及其促进机制研究 [R]. 2019-04-13.

的破坏性发展机遇，而是进入清洁可持续的发展阶段。

实现全球可持续发展，不仅是 14 亿中国人的愿望，而且是 70 多亿地球人的愿望，更是未来 100 亿人的愿望。我们坚信，这个世界上所有国家和地区的人民都应该共享更文明、更现代和更清洁的发展方式。置身于绿色奔涌的历史长河中，我们只有顺势而为、扬帆起航，才能抵达可持续发展的新未来。

后记　为人类的未来事业而奋斗

回顾过去两三百年，人类社会的进步与发展建立在燃烧化石能源的基础上，人类社会的部分冲突与暴力也源自对化石能源控制权的争夺。煤炭、石油与天然气，提供了使整个社会运转的能量，但也给地球带来了深重的灾难。改变能源结构已经是迫在眉睫的事情。

2019 年，我国进口原油达 5.06 亿吨，石油外贸依存度为 72%，外汇支出达 2 413 亿美元，石油成为我国净消耗外汇最多的商品；2020 年，我国进口的原油增长到 5.42 亿吨，石油外贸依存度创历史新高，达到 73.5%，虽原油价格降低，外汇支出有所减少，但仍然达到 1 900 亿美元左右。2021 年受新冠肺炎疫情持续影响，我国进口原油 5.13 亿吨，较 2020 年下降 5.4%，但是对外依赖度依然较高。更为严重的是，在我国进口的原油中，约有 80% 需要经过马六甲海峡，国家能源安全面临较大风险。

与此同时，今天的化石能源还能支持我们如此快速的消费吗？煤炭终究要烧光，石油终究要开采完。化石能源的有限性制约着人类社会的快速进步。而它们在开采与使用过程中的碳排放，则导致了灾难性的气候危机。

因此，长期以来，人类一直在探索什么样的方式能实现资源、环境和发展三者之间的平衡。

我们需要换一种思维方式：煤炭、石油、天然气实际上都是由远古时期的太阳能转变为生物能形成的。动植物的遗体在特殊的地质环境中花费数百万年时间转变为化石能源。所以，我们为何不跳过几百万年的漫长等待，直接用现成的太阳能？于是，我们找到了路径最短、效率最高、取之不尽、用之不竭的能量——光伏太阳能。人类只需要依靠小小的光伏组件，就可以淘汰日夜不停歇的石油基地；只需要修建一些特高压、超高压输电线，就可以淘汰 5 万吨、10 万吨、20 万吨的大油轮。而且，从国家战略安全角度考虑，加快发展以光伏太阳能、风能为代表的可再生能源，推进汽车电动化、能源消费电力化、电力生产清洁化，加速我国的碳中和进程，不仅是实现绿色、清洁、高质量发展和气候治理的必由之路，也是筑牢我国能源和外汇安全体系的必然选择。

我们认为，光伏太阳能是碳中和背景下的新石油。现在，我们已经看到了光伏能源的替代优势，而在不远的未来，光伏能源将助力人类社会完成彻底的能源转型。我们相信，在所有地球人的共同努力下，人类社会将不再受气候变暖之困，"双碳"目标也将如期实现。全球能源转型的车轮将引领全人类驶向更加光明的未来！

感谢十一届、十二届全国人大常委会副委员长，民建中央原主席陈昌智先生为本书作序。陈昌智先生多次莅临通威集团，对通威集团和新能源的发展表达出深切的关心。他指出，实现"3060"双碳目标并非一蹴而就，而是一场广泛而深刻的经济社会系统性变革。他鼓励我们要为实现"光伏改变世界"的宏大抱负而不懈努力。

感谢十一届全国政协常委、十三届全国人大代表、通威集团董事局主席刘汉元先生为本书作序。刘汉元先生是通威集团的创始人，在他的带领下，通威集团从一家从事水产养殖的小型企业，发展为绿色食品与绿色能源双轮驱动的大型跨国集团公司。他与通威集团的努力，为中国消费者吃上绿色食品，用上绿色能源做出了重要贡献。

后记　为人类的未来事业而奋斗

感谢中山大学教授、中国绿色供应链联盟光伏专业委员会主任沈辉先生为本书作序。他的作品《我心中的太阳：太阳文化与太阳能技术漫谈》是光伏产业的启蒙读物，推动了中国光伏产业的科普教育。

感谢清华大学核能与新能源技术研究院教授、博士生导师张阿玲，清华大学社会科学学院副院长、能源转型与社会发展研究中心主任李正风，清华大学能源转型与社会发展研究中心常务副主任何继江，四川大学材料科学与工程学院冯良桓教授，西南财经大学能源经济研究所所长刘建生教授，西南石油大学光伏产业技术研究院院长黄跃龙等学者，他们的智慧和洞见深深启发了我们。我们始终相信，前瞻性的研究对引导行业的发展正如迷雾中的灯塔，是方向，更是希望。

再次感谢积极参与推动绿色能源发展的各界人士。作为参与者，他们给了我们太多的信心，我们从他们身上看到了更多的希望！光伏发展不仅仅是光伏产业的事，它是全社会的事、全中国的事，更是全世界和全人类的事！

我们坚信，新能源事业一定会风光无限、生机无限、前景无限。

通威传媒　考拉看看
2022 年 3 月 20 日

参考文献

[1] 安永碳中和课题组. 一本书读懂碳中和 [M]. 北京：机械工业出版社，2021.

[2] 白勇. 创变者的逻辑：刘汉元管理思想及通威模式嬗变 [M]. 北京：北京大学出版社，2017.

[3] 刘汉元, 刘建生. 重构大格局 [M]. 北京：中国言实出版社，2017.

[4] 刘汉元, 刘建生. 能源革命：改变 21 世纪 [M]. 北京：中国言实出版社，2010.

[5] 沈辉. 我心中的太阳：太阳文化与太阳能技术漫谈 [M]. 北京：科学出版社，2020.

[6] 中国长期低碳发展战略与转型路径研究课题组，清华大学气候变化与可持续发展研究院. 读懂碳中和 [M]. 北京：中信出版社，2021.

[7] 中金公司研究部，中金研究院. 碳中和经济学：新约束下的宏观与行业趋势 [M]. 北京：中信出版社，2021.

[8] 盖茨. 气候经济与人类未来：比尔·盖茨给世界的解决方案 [M]. 陈召强，译. 北京：中信出版社，2021.

[9] 西瓦拉姆. 驯服太阳：太阳能领域正在爆发的新能源革命 [M]. 孟杨，译. 北京：机械工业出版社，2020.

[10] 帕尔茨. 光伏的世界：全球行业领袖为您讲述光伏的故事[M]. 秦海岩，译. 长沙：湖南科技出版社，2015.

[11] 中国光伏行业协会. 中国光伏产业发展路线图（2020年版）[R].2021-02-03.

[12] 国信证券. 多晶硅料："碳中和"下的乌亮黄金[R].2021-02-03.

[13] 太平洋证券. 光伏深度报告专题之二：聚焦HJT，下一代电池技术的领航员[R].2021-04-09.

[14] 首创证券. 硅料紧平衡下，光伏产业链利润重新分配[R].2021-03-31.

[15] 中泰证券. 七个维度看"碳中和"经济变革及机会[R].2021-04-07.

[16] 光大证券. 欧盟碳中和之路：能源、工业转型的过程与博弈[R].2021-04-06.

[17] 财通证券. 全球长期增长空间开启，中国制造引领行业发展[R].2021-03-31.

[18] 国金证券. 电力设备与新能源研究[R].2020-12-14.

[19] 黄震，谢晓敏. 碳中和面临的三大挑战与能源变革[R].2021-09-19.

[20] 马子娇. 全球碳排放现状与挑战[R].2021-09-17.

[21] 李伟阳. 新型电力系统构建需要全新的底层逻辑[N]. 中国能源报，2021-10-19.

[22] 汤雨，赵荣美，王进. 碳排放大战：用数据解释这场政治博弈，而中国是气候问题上的一个最大变数[R].2021-01-22.

[23] 中华人民共和国国务院新闻办公室. 中国应对气候变化的政策与行动白皮书[R].2021-10-27.

本书所引用的部分图片和资料，由于各种原因，无法与版权所有者取得联系，请版权所有者及时与我们联系，以便我们表达感谢和支付版权使用费。

4000213677　（028）84525271

通威传媒
Tongwei Media

通威传媒专注于活动策划执行、媒体整合传播、展示工程建设、品牌创意设计四大领域，链接全球创新资源，构建产业智库联盟，秉承"诚、信、正、一"的经营理念，践行"精准传播 定制未来"的企业宗旨，提供专业化定制服务。通威传媒书系旨在联合知名作家、媒体人、品牌运作人等专业团队及一流出版机构，瞄准时代需求，打造涵盖行业研究、企业管理、修心明道的精品力作。

考拉看看
Koalacan

考拉看看是中国领先的内容创作与运作机构之一，由资深媒体人、作家、出版人、内容研究者和品牌运作者联合组建，专业从事内容创作、内容挖掘、内容衍生品运作和超级品牌文化力打造。

考拉看看持续为政府机构、公司企业、家族及个人提供内容事务解决方案，每年受托定制创作内容超过 2 000 万字，推动出版超过 200 部图书及衍生品；团队核心成员已服务超过 200 家上市公司和家族，已服务或研究过的案例包括褚时健家族、腾讯、阿里、华为、TCL、万向、娃哈哈、方太等。

协作团队

书服家
Forbooks

书服家是一个专业的内容出版团队，致力于发现优质内容和高品质出版，并通过多种出版形式，向更多人分享值得出版和分享的知识，以书和内容为媒介，帮助更多人和机构发生联系。

内容工作组成员

张小军　马玥　熊玥伽　杨博宇

夏浩译　严青青　高静荣

特邀编创：通威传媒　考拉看看
版式设计：云何视觉　汪智昊
全程支持：通威传媒　书服家

写作 ｜ 研究 ｜ 出版 ｜ 推广 ｜ IP 孵化
Writing Research Publishing Promotion IP incubation
TEL 400-021-3677　　Koalacan.com